U0352091

青海省科学技术学术著作出版资金
青海省自然科学基金项目（2013-Z-917）
国家科技支撑计划项目（2007BAC30B04）
—— 共同资助

草地矿物元素

CAODI KUANGWU YUANSU

李天才　著

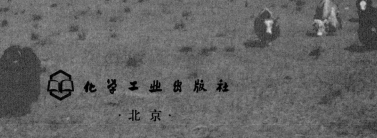

化学工业出版社

·北京·

本书在总结草地矿物元素分布格局及蓄积分异行为的基础上，提出生物矿物元素"饥饿效应"理论，阐释了草地矿物元素蓄积分异行为的内外动力学机制，给出了草地演替进程中矿物元素蓄积分异行为的数学模型，并介绍了草地矿物元素在可持续利用方面的实践指导成果。

本书可供矿物应用化学、天然药物化学研究与应用技术人员；草业科学、生态、畜牧业从业人员；农业矿物元素肥料、矿物元素与人体健康、汉藏药材研究人员参考使用。

图书在版编目（CIP）数据

草地矿物元素/李天才著．—北京：化学工业出版社，2014.9
ISBN 978-7-122-21212-2

Ⅰ．①草…　Ⅱ．①李…　Ⅲ．①草地-矿物-微量元素-研究　Ⅳ．①S812

中国版本图书馆 CIP 数据核字（2014）第 146962 号

责任编辑：王湘民　　　　　　　　　　　　装帧设计：韩　飞
责任校对：蒋　宇

出版发行：化学工业出版社（北京市东城区青年湖南街 13 号　邮政编码 100011）
印　　刷：北京永鑫印刷有限责任公司
装　　订：三河市万龙印装有限公司
710mm×1000mm　1/16　印张 9½　字数 173 千字　2014 年 10 月北京第 1 版第 1 次印刷

购书咨询：010-64518888（传真：010-64519686）　售后服务：010-64518899
网　　址：http://www.cip.com.cn
凡购买本书，如有缺损质量问题，本社销售中心负责调换。

定　　价：68.00 元　　　　　　　　　　　　　　版权所有　违者必究

草地矿物元素是草地生态系统物质流的重要组成之一，伴随着与环境之间能量和物质的交换，矿物元素也将随生态系统的演替而变化。草地矿物元素既是草地植物生长发育的必需营养，也是草地生态系统演替的重要响应因子，而且通过生物地球化学循环和食物链传递，草地矿物元素对于草业生产、草地畜牧业发展及草地生态系统的安全与健康也发挥着重要的功能作用。草地生态系统中矿物元素的分布格局和蓄积分异行为研究，不仅具有对草业可持续发展的管理和生产实践的指导作用，更加重要的是通过草地矿物元素蓄积分异行为对于草地生态系统演替进程响应的研究，可揭示草地矿物元素在草地生态系统中的功能与作用及草地矿物元素蓄积分异行为的动力学机制。因此，深入研究草地矿物元素并拓展其理论体系势在必行。

青海湖流域生态系统是我国西部乃至全球生态安全的战略要地，是阻止西部荒漠化向东蔓延的天然屏障，不仅影响着青藏高原生态系统的安全，也是全球气候变化的敏感地区。青海湖北岸草地是青海湖流域草地资源的精华，也是青海省重要的草地畜牧业生产基地之一。作者以青海湖北岸草地生态系统为对象，通过对不同类型草地中矿物元素的系统研究与分析，全面总结了青海湖北岸草地矿物元素的"四个特征和两个格局"；发现生物矿物元素"饥饿效应"现象，提出生物矿物元素"饥饿效应"理论，阐释了草地矿物元素蓄积分异的内外动力学机制，建立了草地在退化和封育演替进程中矿物元素响应的数学模型，并通过作物种植和盆栽试验，有效地检验了青海湖北岸草地中矿物元素特征、空间分布格局、蓄积分异行为以及"饥饿效应"理论；发现高原植物的富铁营养具有抗高原低氧的新功能，丰富了草地生态化学理论，具有重要的理论探索意义与生产实践价值。在本书付梓之际，乐为作序，相信通过作者辛勤的付出，使得草地矿物元素理论在草地生态系统保护、退化草地恢复与重建及草地生态系统安全与健康等研究中显示出强大的生命力，并为我国草业生产、草地畜牧业发展和草地生态系统安全与健康做出贡献！

（张德罡）
2014 年 8 月

　　拙作付梓之际，心情还是忐忑不安。从事生物矿物元素研究多年，对于矿物元素在生物与环境之间的耦合作用及生物地球化学循环的动力学机制，生物体内矿物元素蓄积分异行为发生的机制等诸多科学问题，还是疑虑重重。对于生物矿物元素"饥饿效应"现象，虽然提出生物矿物元素"饥饿效应"理论予以阐释，但是生命科学的复杂、多样，仍然需要更多科学家们认真细致地探索发现，以臻完美，并造福于我们人类生活和生命安全与健康！

　　生物矿物元素"饥饿效应"理论的提出，得到了甘肃农业大学草业学院副院长博士生导师张德罡教授、中国科学院西北高原生物研究所副所长博士生导师魏立新研究员等的热情帮助与鼓励，感谢他们激起我在科学探索艰险道路上的勇气和毅力！本书以青海湖北岸草地生态系统中矿物元素为研究对象，通过草地中矿物元素分布格局、矿物元素蓄积分异行为及其动力学机制等研究，在青海大坂山、日月山和西宁等地作物种植试验检验的基础上，提出了生物矿物元素"饥饿效应"理论。其实在作物育种试验，特色汉藏药材种植试验，矿物类汉藏药的动物药理学试验，儿童、中老年微量元素与健康研究，以及大量汉藏药用资源的矿物元素分析与研究的文献资料中，生物矿物元素"饥饿效应"现象也很常见，故以生物矿物元素"饥饿效应"命名之，更具普遍性。

　　拙作在博士毕业论文"青海湖北岸草地矿物元素分布格局与蓄积分异行为研究"基础上整理而成，感谢国家科技支撑计划项目（2007BAC30B04），青海省自然科学基金项目（2013-Z-917），青海省科学出版基金（2014-C-917）的共同资助与支持！

　　中国科学院西北高原生物研究所原副所长、博士生导师陈桂琛研究员生前予以植物样品鉴定，周国英研究员，徐文华、孙菁副研究员，刘德梅博士，尚洪磊硕士，宋文珠、张庆云工程师等在野外植被数据调查和植物样品采集工作中给予了很多帮助；曹广民研究员，林丽副研究员，李以康博士，张发伟硕士等在土壤样品采集工作中给予了很多帮助；党敏灵高级工程师，张唐伟、柳青海硕士等在大坂山、日月山和西宁等地作物种植试验，植物、土壤样品室内分析测试工作中给予了很多帮助与支持。对于这些专家艰辛的劳动付出和无私的科学奉献精神，在此一并表示最诚挚的感谢！

生物矿物元素"饥饿效应"理论和草地矿物元素理论的学术思想正在形成之中，其中许多观点和论述，不当之处难免，真诚希望有关专家和学者不吝赐教，恳请各位读者批评指正！

2014 年 8 月

14 在草地畜牧业生产实践中指导作用   126

15 结论与展望   130

参考文献   135

引　言

　　青海湖是我国最大的内陆湖，对于区域生态稳定发挥着巨大的自然调解功能。青海湖流域生态系统的演替变化严重影响着青藏高原生态系统的安全，也是我国西部生态安全的战略要地，是控制西部荒漠化向东蔓延的天然屏障，还是全球气候变化的敏感地区。随着环湖地区人口的迅速增加，各种人类活动和全球气候变化的综合影响，湖区生态环境呈现明显恶化的趋势，尤其是草地超载过牧，使原本脆弱的生态环境更加脆弱，草地退化极为严重，草地畜牧业生产效益低下。近年来，随着国家"西部大开发"和青海省"生态立省"战略的实施，环湖流域开展了较大规模的草原围栏建设，退耕还林还草、天然草原植被恢复与修复和牧草良种繁育基地建设等工程，并取得了较好的效果。

　　矿物元素是草地植物生长所必需的营养成分，也是草地畜牧业生产所必需的营养成分。牛羊通过啃食草地植物获取矿物元素营养，同时草地畜牧业产品通过食物链传递又将矿物元素营养提供给我们人类，成为我们人体健康和新陈代谢等所必需的营养。草地矿物元素始终贯穿于草地生态系统动态演替的全过程，对于草地生态系统的演替极为敏感，随着草地生态系统的演替变化而变化，是对草地生态系统动态演替最为敏感的响应因子之一。可见，草地矿物元素在草业生产、草地畜牧业可持续发展中具有举足轻重的作用，而且与我们人类的饮食安全与身体健康、草地生态系统安全与健康等息息相关。因此，草地矿物元素的分布、迁移，蓄积分异行为及其动力学机制，草地生态系统演替进程中矿物元素蓄积分异行为特征，矿物元素在草地植物生长发育和草地生态系统演替进程中的功能与作用，在草地畜牧业生产中的指导作用等一系列亟待解决的科学问题迫在眉睫，建立有关草地矿物元素的理论显得十分必要而尤为迫切，在草地矿物元素广泛研究的各类成果基础上，形成一个系统而完整的草地矿物元素理论，既是对草业生产、草地畜牧业可持续发展实践的高度概括和理论总结，也是对草业科学、草地农业生态学等传统学科的进一步补充与完善。

　　青海湖北岸草地是青海湖流域草地的精华，也是青海省重要的草地畜牧业生产基地之一。青海湖北岸草地有温性干草原、高寒山地干草原和高寒草甸等多种草地类型，各类型草地内有退化草地、围栏封育草地、人工草地及三角城种羊场、铁卜加草原改良试验站等科研资源的优势。大量的工作积累，丰富多样的草地类型，有利的试验与研究资源，使青海湖北岸草地矿物元素的"四个特征，两个格局"，生物矿物元素的"饥饿效应"现象与假说理论及高原植物中富铁营养具有抗高原低氧的新功能，高原植物中富锌营养具有促进高原植物早熟的新功能作用等研究结论具有典型性、代表性和示范性。青海大坂山、拉脊山等地作物种植和西宁盆栽试验，不仅对青海湖北岸草地中矿物元素特征、空间分布格局、蓄积分异行为和"饥饿效应"理论、高原富铁营养抗高原低氧功能作用等研究结论进行了试验检验，而且使研究结果与结论更具普遍性，在草业生产实践中予以推广，并可以适当地扩大应用范围，即青海湖北岸草地中矿物元素理论同样适用于青藏高原其他地区的草地植物与植被以及草地生态系统，草地矿物元素的理论雏形正在酝酿孕育之中，小荷才露尖尖角，一个紧密结合草业生产、草地畜牧业发展的实际需要，以及草地生态系统安全与健康的草地矿物元素理论，春风拂煦，但愿秋实累累！

1 | 青海湖北岸草地资源与生态概况

1.1 青海湖北岸草地是重要的畜牧业基地

1.1.1 青海湖地理位置与草地资源

青海湖位于青藏高原东北部，北纬 $36°32'\sim37°15'$，东经 $99°36'\sim100°47'$。湖面东西最长 106km，南北最宽 63km，周长约 325km。湖水面积 4264km²，湖水容积 $743\times108m^3$，湖面海拔 3194m，最大水深 29.7m，平均水深 17.7m，形状似梨，是我国面积最大的咸水湖，也是我国最大的内陆湖泊[1,2]。

青海湖流域整体呈椭圆形，呈北西西-南东东走向，地形自西北向东南倾斜，是一个封闭的内陆盆地，四周山峦起伏，河流纵横。北面是巍峨挺拔的大通山，东面是雄伟壮丽的日月山，南面是逶迤绵延的青海南山，西面是峥嵘嵯峨的天峻山，四周高大的山峰多在海拔 4000m 以上。界定青海湖流域面积为 29661km²，其中陆地面积 25397km²，包括 60 个完整行政村（其中海晏县 2 个，刚察县 5 个，天峻县 43 个，共和县 10 个）；跨流域行政村 70 个（其中海晏县 13 个，刚察县 26 个，天峻县 14 个，共和县 17 个）。此外，还包括青海省三角城种羊场、黄玉农场、青海湖农场、铁卜加草原改良试验站和湖东种羊场 5 个农牧场[2]。

青海湖为封闭的内陆湖泊，水源主要是降水、地表水和地下水三部分补给，排泄量是湖面的大量蒸发损失。据 1959～2001 年资料，多年平均入湖总水量为 $36.96\times10^8m^3$，每年的湖面蒸发量为 $40.5\times10^8m^3$，平均每年水量减少 $3.54\times10^8m^3$。由于入湖水量入不敷出，导致湖面水位逐年下降，其中在 1959～2001 年的 42 年间，湖水下降 3.60m，平均每年下降 8.6cm，湖水面积缩小 313.3km²，平均每年缩小 7.5km²。青海湖内陆水系主要源自于四周山地的 50 多条河流。因受地形影响，水系发育明显不对称，西、北面河流分布多，流程长、河水量大，入湖水量占全流域入湖总水量的 80%；东、南面地域狭窄，河流短小、水量少、水量贫乏，多为时令河。其中流域面积大于 $300km^2$ 的干支流有 16 条，主要有：布哈河、沙柳河、哈尔盖河、倒淌河、甘子河、黑马河等。径流以降水补给为主，其次是冰雪融水和地下水补给。布哈河是青海湖内陆水系中最大的一条河流，发源于祁连山支脉疏勒南山曼滩日更峰北麓，海拔 4513m，大致呈东南流向，在刚察县泉吉乡注入青海湖，河流全长 286km，下游河道宽约 22m，流域面积 $16750km^2$，多年平均流量 $25.9m^3/s$，年总径流量 10.64×10^8 m^3，占入湖总径流量的 67%，并且在湖盆西部冲积成一个伸入湖中达 13km 长的布哈河三角洲，河水补给主要以天然降水和冰雪融水为主[3~7]。

青海湖水的理化性质非常复杂。水色透明度 1.5~9.5m，水色以青蓝色为主，兼有蓝、青、绿色。pH 值为 9.1~9.5，属碱性微咸水。湖水中含有 10 多种化学元素，主要有 Na^+、Mg^+、K^+、Ca^{2+}、Cl^-、SO_4^{2-}、CO_3^{2-} 等，平均矿化度为 15.5g/L。水中含氧量极低，浮游生物十分稀少。湖内鱼类品种单一，以鲤科青海湖裸鲤（湟鱼）为主，还有条鳅。在湖西北部的鸟岛上，栖息有斑头雁、鱼鸥、鸬鹚等 10 万余候鸟，为我国大型鸟类自然保护区之一，1975 年青海省建立了鸟岛自然保护区，1992 年被列入"国际重要湿地手册"，1997 年在原自然保护区基础上建立了青海湖国家自然保护区[2,8]。

青海湖流域有天然草地面积 213.65×10^4 hm^2，占青海湖流域总面积的 72.03%，是青海省主要的畜牧业生产基地之一。青海湖地区在中国植物区系分区上属泛北极植物区系的青藏高原植物亚区的唐古特地区。其植被与青藏高原植被有很大的相似性，由于自身独特的地理位置，形成了以青海湖为中心的环带状分布特征，是祁连山地区植被一个相对独立的组成部分[9]。青海湖流域的自然植被有寒温性针叶林、河谷灌丛、高寒灌丛、沙生灌丛、温性草原、高寒草原、高寒草甸、沼泽草甸、高寒流石坡植被等。其中温性草原类有芨芨草草原和西北针茅、短花针茅草原，分布于青海湖湖盆区的冲洪积平原、山地坡麓及湖中岛屿，主要优势种为芨芨草、西北针茅、短花针茅、冰草和高山苔草等；高寒草原以紫花针茅为优势种集中分布于湖北岸及西北部海拔 3300~3800m 的山地阳坡，次优势种为高山苔草、冰草等。高寒草甸以高山嵩草、矮嵩草等为优势种，圆穗蓼、珠芽蓼等植物常成为高寒植被的主要植物，分布于海拔 3300~4100m 的高海拔滩地，具毡状草皮层，还有马尿泡、青藏苔草等青藏高原特有植物[10~12]。

青海湖流域内土壤类型主要有高山寒漠土、高山草甸土、亚高山草甸土、高山草原土、灰褐土、沼泽土等[13]。

1.1.2　青海湖北岸草地畜牧业生产与发展现状

青海湖环湖草地是我国北方重点牧业生产区之一，草地面积广阔，牧草种类繁多，营养价值丰富[14]。位于青海湖北岸的刚察县，自然条件相对优越，地形平坦，土地辽阔，土壤肥沃，光照充足，雨热同季，由于草场面积大，产草量高，牧草因具有高脂、高蛋白、高无氮浸出物、粗纤维低等特点而营养价值高，草质佳、适口性好，耐牧性较强，是优良的天然放牧草场，也是青海湖北岸的草地精华所在[15]。草地畜牧业养殖的优势品种主要有藏羊、牦牛，其肉质鲜美细嫩而深受消费者欢迎，是纯天然有机畜产品。刚察县作为青海湖流域的重点牧业区之一，草地畜牧业一系列科研新成果、新技术、新方法得到重点示范与推广，草地配套建设、飞播牧草、建立人工草地、草地灭鼠治虫以及畜种改良、畜疫防治等最新科研成果得到广泛普及和推广，使刚察县草地畜牧业生产走上了健康发展的新路子，并为高效生态畜牧业可持续发展奠定了良好基础[15,16]。近年来通过退耕还林还草，天然草原恢复与建设，草地围栏建设，生态环境建设等项目的实施，有力地促进了青海湖北岸刚察县草地畜牧业生产的快速发展。设施畜牧业、羔羊经济已成为刚察县畜牧业生产发展的又一重点。

青海湖北岸刚察县草地总面积 $69.47 \times 10^4 hm^2$，占青海湖流域草地总面积的32.5%。可利用草地面积 $62.78 \times 10^4 hm^2$，其中冬春草地面积 $31.66 \times 10^4 hm^2$，夏秋草地面积 $31.12 \times 10^4 hm^2$。2008 年全县天然草场总盖度 30%～95%，平均盖度高于 81.4%，平均产鲜草 $3215 kg/hm^2$，其中可食牧草鲜草产量 $2718 kg/hm^2$，占总产量的 84.55%，不可食产草量为 $497.3 kg/hm^2$，占 15.45%。青海湖北岸草地主要分为温性草原类、高寒草原类和高寒草甸类[16,17]。其中温性草原类草场可利用面积为 $3.6 \times 10^4 hm^2$，占全县可利用草场的 5.73%，产鲜草 $3561.8 kg/hm^2$，其中可食鲜草为 $3201.6 kg/hm^2$，占总鲜草量的 89.89%，可载畜 6.52×10^4 头羊单位；高寒草原类草场可利用总面积为 $12.42 \times 10^4 hm^2$，占全县可利用草场的 19.79%，产鲜草 $3485.1 kg/hm^2$，其中可食鲜草为 $3308.4 kg/hm^2$，占总鲜草量的 91.01%，可载畜 23.26×10^4 头羊单位；高山草甸亚类草场可利用总面积为 $46.7 \times 10^4 hm^2$，其中：冬春草场可利用面积为 $15.57 \times 10^4 hm^2$，占全县可利用草场的 24.8%，产鲜草 $3266.9 kg/hm^2$，其中可食鲜草为 $2523.2 kg/hm^2$，占总鲜草量的 77.23%，可载畜 22.24×10^4 头羊单位。夏秋草场可利用面积为 $31.12 \times 10^4 hm^2$，占全县可利用草场的 50%，产鲜草 $2981.7 kg/hm^2$，其中可食鲜草为 $2065.2 kg/hm^2$，占总鲜草量的 69.26%，可载畜 79.02×10^4 头羊单位；沼泽化草甸亚类草场可利用面积为 $0.06 \times 10^4 hm^2$，占全县可利用草场的 0.09%，产鲜草 $2615.6 kg/hm^2$，其中可食鲜草为 $2225.7 kg/hm^2$，占总鲜草量的 85.09%，可载畜 0.07×10^4 头羊单位[14,16,19]。

刚察县作为青海湖地区重要的草地畜牧业生产基地之一，饲草种植业也有一定发展规模。2008 年末，全县有各类草食畜 102×10^4 头（只），折合 147.17×10^4 个羊单位，其中牛 18.35×10^4 头，羊 82.16×10^4 头，马 1.49×10^4 匹；能繁母畜比例 58.69％，出栏率 44.78％，商品率 39.54％。2008 年全县羊肉产量 5922 t、牛肉 2914 t、奶产量 8906 t、产牛羊皮 44.38×10⁴ 张、产毛 11.79×10⁴ kg、牛绒 2.59×10⁴ kg。截止 2008 年年底，刚察县共建成围栏草场 26.9×10⁴ hm²，占冬春草场面积的 85％；人工饲草地 0.11×10⁴ hm²；建成牲畜暖棚 2852 幢 32.61×10⁴ m²，占全县农牧民总户数的 49.1％；全县现有牧业机械总动力 18159 kW。根据冬春草场放牧草地利用率为 55％，利用天数为 243 d，夏秋草场放牧草地的利用率为 60％，利用天数为 122 d 计算，2008 年全县天然草场冬春草场适宜载畜量为 62.72×10⁴ 头羊单位（包括人工草场及青饲料贮量载畜量 10.63×10⁴ 头羊单位），实际载畜量为 147.17×10⁴ 头羊单位，超载 84.45×10⁴ 头羊单位；夏秋草场适宜载畜量为 79.02×10⁴ 头羊单位，实际载畜量为 128.5×10⁴ 头羊单位，超载 49.48×10⁴ 头羊单位。综合冬春、夏秋、人工草地及青贮饲料的载畜量计算，全年理论载畜量为 65.13×10⁴ 头羊单位，实际载畜量为 147.17×10⁴ 头羊单位，超载 82.04×10⁴ 个羊单位[18,19]。多年来，青海湖北岸地区草地畜牧业生产基础与可持续发展已成为青海省的一个重要的草地畜牧业生产与建设基地，也是我国北方重点牧业区之一。

1.2　青海湖流域草地生态系统的重要性

1.2.1　青海湖流域生态环境现状

地处青藏高原东北部的青海湖是我国最大的内陆湖，作为青藏高原的重要组成部分，位于我国西部干旱区、东部季风区和青藏高原区三大区域的交汇地带，独特的地理位置、环境特点是维系青藏高原东北部生态安全的重要水体，是我国西部生态安全的战略要地，控制着西部荒漠化向东蔓延的天然屏障，也是全球气候变化的敏感地区和生态系统典型脆弱地区[20]。青海湖流域是青藏高原生态系统重要的组成部分，青海湖流域内的巨大水体、高山和草地是阻挡西部荒漠东侵的重要生态屏障，对东部湟水谷地、西部柴达木盆地、南部江河源区、北部祁连山地及河西走廊等均有较大的影响，对促进区域生态稳定发挥着巨大的自然调解功能，青海湖流域生态系统的演替变化严重影响着青藏高原生态系统的安全。因此，青海湖流域的生态系统对于青海省乃至全国和东南亚地区的气候变化都具有极其重要的意义[20,21]。近年来，随着环湖区牧民人口的增加、各种人类活动和全球气候变化的综合影响，湖区生态环境总体出现明显的恶化趋势，尤其是草地普遍超载过牧，使原本脆弱的生态环境更加脆弱，草地退化极为严重，草地蓄水能力大大减弱，河道侵蚀，湖区周边水土流失极为严重。草地生态环境恶化，畜牧业生产效益低下。青海湖流域生态环境现状如下。

(1) 水位下降、湖面萎缩、水环境趋于恶化

由于全球性气候变暖，年降水量、地表径流减少，湖水蒸发量大于补给，致使青海湖水位下降，湖体逐年缩小。据资料，1956 年青海湖水面海拔 3196.96m，到 1988 年位 3193.59m，32 年间下降 3.37m，平均每年下降 10.53cm。湖体表面积则由 1956 年的 4583.9km²，至 1992 年缩减为 4293.96km²，36 年间减少 289.94km²，平均每年减少 8.05km²。水位下降、湖面萎缩，造成湖体沙砾裸露，湖区周围沙源增加，水环境日趋恶化[2]。

(2) 天然草地面积减少、草地植被退化、水土流失加剧，草地生态环境日趋恶化

20 世纪 70 年代环湖三县草地面积 289.29×10⁴hm²，草地可利用面积 236.75×10⁴hm²，到 80 年代草地面积为 252.44×10⁴hm²，草地可利用面积为 222.46×10⁴hm²，分别减少了 36.85×10⁴hm² 和 14.29×10⁴hm²，每年损失鲜草约 18577×10⁴kg。草地面积的减小导致地表裸露面积扩大与加剧，并大大地加速了地表水分蒸发和土壤表层水分的降低减少，植物所需水分不足，进一步导致草地植被变的低矮、稀疏、退化，产草量下降，草地生产力降低，致使草原的优良牧草减少，杂毒草蔓延。长期超载过牧的生产方式还使草地优良牧草生长发育受阻，生物多样性锐减，草场植被退化，导致土壤物理性状变化，土壤通透性变差而紧实。据内蒙古试验资料，在未退化、重度退化的放牧草地上，雨水流失分别为 0.4%，49.9%，土壤侵蚀分别为 1.05 t/hm²，35.7 t/hm²。随着草地超牧过载程度的加大，草地蓄水能力锐减，水分涵养能力减弱，水土流失加剧，草地生态环境日趋恶化[2,17]。

(3) 水资源量减少，沼泽面积缩小

20 世纪 50 年代湖区共有大小河流 128 条，80 年代则只剩有 40 余条，且主要河流的流量骤减。如布哈河 80 年代年平均径流量为 8.32×10⁸m³，90 年代平均年径流量只有 6.49×10⁸m³，下降 1.83×10⁸m³/a。广布于铁卜加、甘子河、泉吉河等湖滨三角洲低洼带的沼泽由 1956 年的 254km²，降到 1986 年的 193km²，50 年代的 30 余处沼泽到 80 年代 7 处已干涸[2]。

(4) 土地沙漠化

青海湖区土地沙漠化面积达 1023.69km²。主要分布在湖东北的海晏湾周围、鸟岛西侧的布哈河口三角洲、湖东种羊场等地。1956 年沙漠化面积为 452.88km²，1998 年为 1023.69km²。42 年间沙漠化面积扩大了 570.81km²，平均每年沙化 13.59km²。土地沙漠化不仅侵蚀了大量的草地、农田，而且加剧了湖区生态环境的恶化[2,7]。

（5）鸟类数量减少、鱼类资源锐减，生物多样性减少

青海湖鸟岛是鸟的王国，每年吸引着来自我国南方和东南亚一带斑头雁、棕头鸥等数十种候鸟，数十万只鸟儿云集于此，产卵育雏，繁殖后代，给鸟岛增添了无限的勃勃生机。由于青海湖水位下降，布哈河改道等诸多原因，由 1956 年离岸 3800 m 的湖中孤岛成为现在的连陆半岛而使鸟群易受惊扰、威胁，安全得不到保障，候鸟迁移，数量锐减。青海湖特有鱼种——湟鱼，每年春季溯河产卵。由于入湖的许多河流干涸，失去了湟鱼产卵场的场所，每年 5～6 月产卵季节，湟鱼大量集中于布哈河内产卵，加之河水含沙量高，鱼群集中，水中缺氧，造成大量湟鱼死亡，产卵成活率降低，严重地损害了湟鱼的自然增殖，湟鱼资源量锐减[2,8]。

1.2.2　青海湖流域退化草地恢复与修复

青海湖流域天然草地植被的退化严重威胁着草地畜牧业的可持续发展和生态安全，实施退耕还林还草，围栏封育和人工草地建设工程，恢复与修复退化草地，增加植被覆盖，坚持"以草定畜"，引导牧民按草地的季节性和利用特点进行划区轮牧，科学合理地确定各片草地的利用时间、次数和强度，减轻冬春草场的压力，给草地牧场留有较多的再生时间，使草地资源得以较快的恢复[2,17]。提高天然草地的产草量和优质牧草的比重，处理好经济建设与生态环境、眼前利益与长远利益的关系，为高效生态畜牧业发展和基地建设提供良好物质基础。

（1）实施退耕还林还草工程，尽快恢复与修复退化草地植被

退耕还林还草，是恢复与修复退化草地植被，防止水土流失，改善环湖区生态环境的重要措施之一。建立天然草场的休牧育草制度，对于湿地、河流流域、湖滨草地、灌丛等特殊类型的草场，要实行完全禁牧制度，以退牧还草的补偿制度使这部分草场得到保护。引导农牧民，以生态破坏为代价换取微弱经济效益的传统生产经营方式，采取生产经营联产承包责任制，统筹安排，因地制宜，封、造结合，乔、灌、草结合，建立新的人工植物群落，逐步恢复草地植被，达到保护环境、改善生态环境，维护生态平衡的可持续发展的目的[2,17]。

（2）坚持以草定畜，严禁超载过牧，维护草地生态平衡

建立健全长期的草原生态补偿机制，坚持以草定畜、草畜平衡制度的贯彻与落实，建立禁牧、休牧、划区轮牧以及舍饲圈养等科学利用草原的机制。实施围栏封育和草地改良等措施，采用补播、施肥、灌溉等生产技术，恢复和提高草地生产力。进一步加大畜种改良力度，优化畜种、畜群结构，提高草地单位面积的生产能力和牲畜个体的生产性能，减轻草地放牧压力，遏止天然草地退化，促进草地畜牧业可持续发展[17]。

(3) 加大高新科技的投入力度，建立高效生态畜牧业发展模式与产业

坚持草原建设与科技投入并重，改变传统的粗放式畜牧业生产经营方式。逐步建立和发展以人工草地畜牧业模式为中心，通过组建牧民专业合作社，鼓励联合经营或股份制经营，完善社会化服务体系，优化草地畜牧业生产流程，合理配置资源，促进草地畜牧业生产资源的有序整合与流动。进一步加大草地畜牧业生产中现代高新科技的投入力度，积极发展幼畜经济，开展冬羔生产、羔羊当年育肥出栏和犊牛季节性育肥适时出栏等生产方式，减轻冬季牲畜对草场资源的压力，建立起高效草地生态畜牧业生产模式与产业[2]。

(4) 建立生态环境动态监测网络体系，指导生态环境综合治理

充分利用水文站、气象站等与环境保护相关的监测技术与设施，针对各类生态问题，建立生态环境动态监测网络体系、预警系统和生态环境评价体系，实现青海湖流域草地生产力、草地退化、生物多样性、鼠虫害、水土流失、土地沙漠化等的生态监测与预警，正确指导生态环境综合治理，保证草地畜牧业的生态保护与高效的可持续发展[2]。

1.3 草地生态系统中矿物元素营养与循环

1.3.1 矿物元素是植物生长发育所必需的营养

矿物元素是构成地球岩石圈的主要化学成分，而生物圈中的植物、动物、微生物以及我们人类等生命体生活在大气圈、水圈、岩石圈构成的自然环境中，必然与各圈层之间存在着物质和能量的交换[22,23]。源于地球环境的生物体在漫长的适应与进化过程中，随着生态环境的演替与变化，有选择性地、稳定地摄取环境中各种营养物质而生存和适应进化，即生物体尽可能地利用环境中储量最丰富的各种矿物元素营养，并呈现出与之相适应的代谢机制和体内平衡机制[24,25]。因此，来自于生存环境中大量矿物元素也是生物体生长发育所必需的营养物质，生活在地球表面生物圈中分布最广、数量最大的植物体与其他各类生物体一样，也是尽可能地摄取地球表面的土壤环境中各种矿物元素营养而生存并适应进化，所以，矿物元素是植物体生长发育所必需的营养成分。

1.3.2 草地矿物元素的生物地球化学循环

草地植物和土壤是构成草地生态系统的主要部分，土壤是草地植物的立地条件，草地植物主要依靠土壤养分而生长，其中矿物元素将植物和土壤二者紧密地联系在一起，春天里勃勃生机的草地绿色植物摄取土壤环境中矿物元素营养而生长，深秋时枯落的草地植物又将自己腐烂的植物体经微生物的分解而返还于草地土壤，循环往复，矿物元素既是草地植物生长发育所必需的营养成分，又是草地土壤的主要化学组成成分[26,29]，矿物元素始终贯穿往复于草地植物与土壤之间，不仅繁衍、延续着草地植物的绿色生命，而且在长期的生物地球化学循环中蓄积积累的矿物元素营养，更加肥沃了草地土壤，使草地生态系统正向演替变化，逐渐形成一个良性循环发展的草地生态系统，风吹草低见牛羊，矿物元素成为了辽阔草原上草地畜牧业可持续发展的重要营养资源。

1.3.3 矿物元素是草地畜牧业食物链中重要的营养成分

矿物元素是草地植物生长所必需的营养成分，也是草地土壤的主要组成成分，通过生物地球化学循环稳定地维持着草地生态系统的安全与健康，而且在草地畜牧业生产中通过食物链的传递为次级生产者提供了生长发育所必需的矿物元素营养，并维持其正常的生理功能与身体健康[28]。因此，矿物元素不仅是草地植物生长所必需的营养成分，也是草地畜牧业生产与发展必需的营养成分，草地牧场上的牛羊等次级生产者通过草地植物的啃食获取矿物元素营养与能量，同时草地畜牧业产品通过食物链传递又将丰富的矿物元素营养提供给我们人类，以维持我们机体的新陈代谢等生理所需及生命的繁衍、安全与健康。草地中矿物元素不仅是草地生态系统安全与健康的重要响应因子，而且是草地畜牧业健康发展，乃至人类安全与健康的重要影响因子。

1.3.4 矿物元素贯穿于草地生态系统演替的全过程

草地矿物元素是草地植物生长发育所必需营养成分，草地植物对于矿物元素的有效摄取则是草地植物健康生长的充分条件与重要保证，即草地植物的生长必需依赖于草地土壤中矿物元素的供给。其次，健康的草地生态系统必然是植物种群分布格局合理，可供次级生产者消费的优质牧草有充分的资源保证，则草地植物的地上生物量大且盖度高是牧草资源量的重要制约因子，而矿物元素的供给又是草地植物生长的充分条件之一，即草地生态系统的健康有赖于草地矿物元素营养供给与生物地球化学循环。在全球气候变化和超载过牧等人类活动的影响下，草地生态系统中植物群落的演替、草地土壤结构等变化也会严重影响草地植物的生长，进而影响其中矿物元素营养的供给以及生物地球化学循环的途径与过程。因此，草地矿物元素始终贯穿于草地生态系统演替变化的全过程，随着草地生态系统的演替变化而发生变化，对于草地生态系统的演替极为敏感，可以说，草地矿物元素是对于草地生态系统演替最为敏感的重要响应因子之一。

1.4 科学问题

① 天然草地中矿物元素的时空分布格局和特征？
② 退化与封育草地中矿物元素蓄积分异行为及其响应模式？
③ 草地生态系统演替对矿物元素蓄积分异行为的影响？作用机制？
④ 矿物元素蓄积分异行为是草地退化的原因还是结果？
⑤ 草地矿物元素生物地球化学循环途径与意义？

1.5 研究目的与意义

1.5.1 研究目的

① 了解青海湖北岸各类型草地矿物元素的分布格局及其特征，解释草地矿物元素分异特征与草地演替进程之间的相关性，说明矿物元素的蓄积分异行为是草地演替进程的重要表征；

② 明确在过度放牧和围栏封育等人类活动干扰下草地演替对矿物元素分异行为的影响，揭示草地矿物元素对于草地生态系统演替的敏感性，是其对外界环境变化的一种"应激"响应；

③ 丰富草地生态系统矿物元素地球化学循环理论，探讨草地生态系统演替对于草地矿物元素蓄积分异行为发生的可能机制；

④评价矿物元素分异行为在草地生态系统中的功能与作用，为草地资源与生态系统保护与建设，退化草地恢复以及草地资源的可持续利用、生态畜牧业发展等提供管理对策和理论依据。

1.5.2 研究意义

① 通过草地演替进程中矿物元素特征及其蓄积分异行为研究，发现矿物元素在草地生态系统中的功能与作用，对于揭示矿物元素营养是草地生态系统演替的重要驱动因子等基础研究具有重要意义；

② 通过矿物元素对于草地生态系统演替的敏感性及其响应特征的研究，解释矿物元素蓄积分异行为与草地演替进程之间的相关性，对于草地演替进程中矿物元素蓄积分异行的动力学机制研究具有重要理论意义；

③ 通过在过度放牧和围栏封育等人类活动干扰下各类型草地对矿物元素蓄积分异行为及其特征的研究，对于草地演替中驱动矿物元素蓄积分异的生态因子研究具有重要理论研究意义；

④ 通过草地生态系统中矿物元素地球化学循环的研究，丰富矿物元素生物地球化学循环理论，对于矿物元素在草地资源与生态系统、草业生产、草地畜牧业发展中功能和作用研究具有重要实践指导意义；

⑤ 通过退化草地中矿物元素的蓄积分异行为是草地退化的原因还是结果的研究，对于草地生态系统保护与建设，退化草地恢复与修复以及草地资源的可持续利用、生态畜牧业可持续发展等具有重要指导作用，实践性强、应用性广，研究意义重大。

2 | 草地矿物元素国内外研究现状

2.1 青海湖流域草地生态系统研究现状

2.1.1 青海湖流域草地植被与植物资源研究

青海湖流域独特的地理位置和环境条件，形成了复杂多样的植被类型，孕育了独特而多样的生物多样性，并成为我国青藏高原生物多样性的重要区域，在中国植物区系分区上属泛北极植物区系的青藏高原植物亚区的唐古特地区，其中北温带成分和中国—喜马拉雅成分占有重要地位，还有一些青藏高原的特有成分。嵩草属的许多种形成了高寒草甸的主要优势种，圆穗蓼、珠芽蓼等植物常成为高寒植被的主要植物，还有马尿泡、青藏苔草等青藏高原特有植物。据资料统计，现有种子植物 52 科，174 属，445 种。其中北温带分布型科属占优势，有禾本科（Graminae 83 种）、菊科（Compositae 54 种）、莎草科（Cyperaceae 35 种）、豆科（Leguminosae 29 种）、龙胆科（Gentianaceae 25 种）和玄参科（Scrophulariaceae 20 种）。超过 10 种以上植物的属有苔草属（Carex 12 种）、风毛菊属（Saussurea 17 种）、蒿属（Artemisia 16 种）、龙胆属（Gentiana 29 种）、马先蒿属（Pedicularis 12 种）、针茅属（Stipa 12 种）、早熟禾属（Poa 12 种）、嵩草属（Kobresia 10 种）等。根据资源用途有：饲用植物、药用植物、食用植物、观赏植物、纤维植物及固沙植物等经济植物类群。其中饲用植物有优良牧草 60 余种；防风固沙及水土保持植物 30 余种；药用植物有汉藏药材 60 余种，如水母雪莲、麻花艽、黄芪、柴胡、冬虫夏草等[2]。

青海湖流域是青海省重要的畜牧业生产基地，现有天然草地面积 213.65×

$10^4 hm^2$，占青海湖流域总面积的72.03%。自然植被有：寒温性针叶林、河谷灌丛、高寒灌丛、沙生灌丛、温性草原、高寒草原、高寒草甸、沼泽草甸、高寒流石坡植被等[17]。

温性草原类主要优势种植物有：芨芨草（*Achnatherum splendens*）、西北针茅、短花针茅、冰草和高山苔草等，主要分布于青海湖湖盆区的冲洪积平原、山地坡麓及湖中岛屿。芨芨草草原是青海湖地区的典型的温性草原类芨芨草型草原，主要分布于青海湖北岸和东南部海拔3200～3500m的冲洪积平原，如哈尔盖、泉吉、青海湖农场等地，形成一条宽约1～10km的弧形植被带。群落优势种植物为芨芨草，伴生植物有：短花针茅、西北针茅、冰草、赖草、高山苔草、大花嵩草、猪毛蒿、沙蒿、阿尔泰狗哇花等。群落结构层次分明，上层为芨芨草，层高60～90cm，高度为15～45cm，群落总盖度为15%～85%，芨芨草分盖度为30%～60%。土壤为栗钙土。芨芨草群落组成成分简单，主体属北温带植物区系特征的成分为主。地面芽植物种类多，占总种数的45.8%，其次为一年生植物占总种数的26.4%[34~37]。采取围栏封育恢复措施后，芨芨草群落的主要优势种群的分布格局、生态位以及群落结构和物种多样性特征均有显著变化。围栏内地上生物量大于围栏外，封育可明显提高牧草的地上生物量。围栏内土壤种子库的密度和物种丰富度均大于围栏外，尤其是采取围栏封育措施后可显著增加土壤种子库群落中优良禾草的种数和密度，使草地质量得到很大改善，表明草地围栏封育恢复是促进垦后芨芨草草地地上植被和土壤种子库修复的有效措施之一[34~37]。

高寒草原类以紫花针茅（*Stipa purpurea*）为优势种植物，主要分布于青海湖北岸和西北部海拔3300～3800m的山地阳坡，次优势种为高山苔草、冰草等，伴生植物有：赖草、冷蒿、乳白香青、阿尔泰狗哇花、柴胡等，群落总盖度45%～75%，优势种分盖度为35%～50%，营养期季相为绿黄色，开花结果后为银灰色（8～9月份）。紫花针茅草原经过长期的围栏封育恢复后，首先发生变化的是群落的植物种类组成及群落特征的分异，由围栏外的紫花针茅+伊凡苔草群落逐渐演变为围栏内的冷地早熟禾+猪毛蒿群落。长期的围栏活动对于提高草原群落的盖度和生产力是有益的，但同时却导致了群落物种丰富度和多样性的降低[38]。

高寒草甸以高山嵩草、矮嵩草等为优势种植物，主要分布于海拔3300～4100m的高山地带及高海拔滩地和宽谷，具毡状草皮层，对于涵养水源、保持水土等具有十分重要的生态学意义。伴生植物常见有：矮嵩草、嵩草、密生苔草、圆穗蓼、珠芽蓼、高原毛茛、达乌里龙胆、美丽风毛菊等，群落总盖度65%～90%，优势种分盖度为40%～70%，夏季呈翠绿色平铺如毯的季相。

青海湖湿地植物的形态结构对高寒湿地环境具有适应性，高寒湿地环境对植物结构具有塑造作用；湿地植物群体（或群落）结构特征随环境海拔梯度的变化而变化[42]。青海湖区河谷灌丛的植被特征、群落多样性以及与环境因子间具有相关性[41]。青海湖水下沙堤以及湖东现代沙丘的主要源地是湖西岸和北岸几条大河造成的河口三角洲地区，减少沙源是治沙的关键[7]。

青海湖流域植被分布在水平方向与垂直方向上均表现出明显的规律性。湖区植被由东向西整体表现出更加适应耐寒旱生境的倾向。随着山地海拔的升高，湖区植被也表现出较为明显的垂直分布规律[10~12]。湖盆及河谷地带以草原植被为主，湖北岸刚察县泉吉和青海湖渔场以东地段以芨芨草草原占主导地位，湖南岸江西沟以东湖盆及山前洪积扇地段主要分布西北针茅和短花针茅占优势的温性草原；湖西岸和泉吉以西盆地带则以扁穗冰草和高山苔草等为优势种的温性草原为主；铁卜加草原改良试验站和青海湖鸟岛管理站以西的布哈河河谷地段分布着大面积的紫花针茅草原。青海湖北岸山地阳坡表现为高寒草原（海拔 3300～3600m)高寒灌丛与高寒草甸（海拔 3500～4200m)高寒流石坡稀疏植被（海拔 4200m 以上），山地阴坡为温性草原（海拔 3200～3300m)高寒草原（海拔 3300～3600m)——→高寒灌丛与高寒草甸（海拔 3500～4000m)——→高寒流石坡稀疏植被（海拔 4000m 以上）；湖南岸山地阴坡的植被垂直带依次表现为温性草原（海拔 3200～3350m)——→高寒灌丛（海拔 3350～3800m)——→高寒草甸（海拔 3400～4000m)——→高寒流石坡稀疏植被（海拔 4000m 以上）。湖西岸布哈河谷南部山地阴坡的植被垂直带表现为高寒草原（海拔 3300～3500m)——→高寒灌丛与高寒草甸（海拔 3400～4100m)——→高寒流石坡稀疏植被（海拔 4100m 以上）[10~12]。

2.1.2 青海湖流域草地生态系统演替研究

青海湖地区整体植被景观向耐寒旱生境方向发展的演变趋势[12]。青海湖南岸植被演替初期，由于环境条件，尤其土壤含水量变化较大，组成群落的物种多样性较低，群落结构简单，稳定性较差，故应以保护为主，避免过度放牧，从而使群落向一定的顶级群落演替，同时发现海拔梯度通过影响群落内的种群组成来影响群落的生态优势度，群落的生态优势度与群落内植物种群数呈负相关，即群落内种群越丰富，其生态优势度越小[39]。

随着人口增长及对资源的需求增加，青海湖流域的草地生态系统正在向不断退化的方向发展，已成为制约流域社会经济发展的重要因素之一。据青海省草原总站 1977 年及 1986 年两次调查资料对比分析，湖区草场从面积及产量均有明显变化，在各类型草场中，相对优良的高寒草甸草场、高寒灌丛草场、山地草原草场、沼泽草场、疏林草场面积均有不同程度的缩减，而相对较差的荒漠草场的面积则不断扩大，说明流域草场出现明显变化，有向荒漠化发展趋势。据样方调查，退化草场的植被盖度明显下降，群落组成中优良牧草的数量和比例下降。刚察县草场的平均可食青草产量 1959 年为 2056.5kg/hm²，到 1980 年则降为 1270.5kg/hm²，草地平均初级生产力降低了 26.24%，植被盖度降低了 5%～30%，植被高度降低了 4～12cm，造成了草地生态环境的恶性循环，严重制约着草地畜牧业的可持续发展。30 年来草地年均退化 23000hm²，其中轻度退化草地为 9000hm²，中度退化草地为 8933hm²，重度退化草地为 5067hm²，并且每年仍以 3% 速率递增。由于受自然环境条件的影响，青海湖流域的草地生态系统属于极不稳定的脆弱生态系统，极易受到外部自然环境变化和人为扰动的影响而导致破坏，一旦遭到破坏后的恢复难度很大[2,6]。

草地退化首先引起土壤紧实度的改变，继而引发土壤水分、容重等其他物理、化学和生物化学性质的变化。随草地退化程度的加剧，土壤容重显著增加，且容重值愈大，土壤退化愈为严重[30～32]。随着草地退化程度的加剧，土壤有机质和全氮含量逐渐减少，全磷、速效氮、速效磷和速效钾含量逐渐上升，全钾含量基本无变化。随着草地退化程度的加大，有机质含量在表层土壤中流失严重，土壤速效氮含量在极度退化阶段不能满足植物生长的需要[51,52]。不同程度退化草地之间，尽管土壤物理、化学和生物学肥力随草地退化程度的加剧而呈明显的下降趋势，但草地轻度退化阶段的土壤肥力特征在总体上高于正常草地[53～56]。然而也有研究表明草地退化与土壤肥力之间没有显著相关，尤其对于土壤全磷。中轻度退化草地 0～20cm 土层土壤全氮较未退化草地增加 4.1%～18.9%，土壤全磷在 0～30cm 土层增加 3.9%～16.5%，土壤全磷在 3 种退化草地 10～30cm 土层较未退化草地增加 2.9%～18.9%。这可能与未退化样地植物生长旺盛，只有矿化和分解大量的有机质和全氮、全磷，才能维持较高水平的速效养分有关[52]。

2.1.3 青海湖流域草地生境恶化与退化草地修复研究

青海湖流域草地是青海省重要的畜牧业生产基地，也是畜牧业发展水平较高的地区之一。近年来，由于草场的大面积开垦和超载过牧，草地植被退化日趋严重。据统计，流域内天然草地面积 213.65×10⁴hm²，其中中度以上退化草地面积达 85.47×10⁴hm²，占流域可利用草地面积的 45.0%，鼠虫害危害面积为 130.24×10⁴hm²，占 68.58%。主要表现为：草地退化日趋严重；黑土滩、毒杂草蔓延；鼠虫害严重；土地沙漠化加剧。在暖干化气候的大背景下，春旱频繁发生，草地水分蒸发量增加，使草地持水量减少，牧草生长受到明显影响，返青期推延，草地植物生长缓慢，植被盖度下降，造成草地退化。而流域内人口的快速增长，过度的垦植和放牧，则是草地植被退化的主要原因[45~48]。同时草地的开垦，广种薄收的生产方式，加剧了土地沙漠化进程。

针对青海湖流域草地生态现状，青海湖流域生态环境保护以草地植被恢复与修复，提高草地生态功能为重点，大力开展草原基础建设，努力改变粗放、落后的畜牧业经营方式，发展舍饲、半舍饲畜牧业，推进草地生态畜牧业产业化进程，走现代高效的生态畜牧业发展的新路子，实现畜牧业集约化经营[2]。

以天然草地保护为重点，坚持退牧还草战略，发展人工草地，为舍饲圈养、科学养畜提供物质基础。加强退化草地治理，提高草地生产力。对重度退化草场实行严格的禁牧制度，促进草地生态恢复与修复。对于湿地、河流流域、湖滨草地、灌丛等特殊类型的草地，采取国家补助、以粮代赈、减免税收等政策实行严格禁牧措施。进一步加大草原保护和建设的力度，采取分区封育、人工补播牧草，加强草地鼠虫害和毒杂草防治等措施，促进草地生态系统恢复与修复以及退化草地生态环境的改善[46]。

转变草场利用方式，落实以草定畜、草畜平衡制度，建立禁牧、休牧、划区轮牧、舍饲圈养等科学利用草原的机制，减轻对天然草地的压力和人类活动的干扰，实现可持续发展。严格按照草地生产力，减小天然草地的载畜量，采取禁牧、季节性休牧等措施使部分退化严重的草场得到快速恢复，实现草地生态系统的平衡。建立长期的生态补偿机制，通过生态补偿制度的贯彻落实，推行草畜平衡制度，促进天然草地的可持续利用与发展[47]。

积极推进对传统落后的畜牧业生产经营方式的转变。通过牧民专业合作组织的组建，扶持联合经营或股份制经营等方式，促进畜牧业资源有序整合、流动。积极发展幼畜经济，引导、组织开展冬羔生产、羔羊当年育肥出栏和犊牛季节性育肥适时出栏，减轻冬季牲畜对草场的压力[20]。

自 20 世纪 80 年代末至 90 年代初，随着草场承包责任制的实施，青海湖流域开展了较大规模的草原围栏建设，累计围栏冬春草场近 $50 \times 10^4 \, hm^2$；90 年代中后期又实施了牧区开发示范工程、国家生态环境建设工程、退耕还林还草工程、天然草原植被恢复和建设工程、草原围栏建设工程和牧草良种繁育基地建设工程等，区域总投资额近 3×10^8 元，开展了以草原围栏、灭鼠治虫、草地改良、人工种草等为主要内容的草地基础建设和保护治理，完成封育草场和划区轮牧草场 $14.31 \times 10^4 \, hm^2$，灭鼠 $40 \times 10^4 \, hm^2$，建植人工草地 $0.67 \times 10^4 \, hm^2$。目前，流域内有人工草地保留面积 $3.62 \times 10^4 \, hm^2$，围栏草地 $66.95 \times 10^4 \, hm^2$，畜棚 $108.8 \times 10^4 \, m^2$。自 2008 年开始，退化草地修复与治理工程主要安排以下工程[2]。

① 退牧还草工程　对中度以上退化草地实施围栏封育 $85.47 \times 10^4\,hm^2$，休牧 $67.21 \times 10^4\,hm^2$，禁牧 $18.26 \times 10^4\,hm^2$，退牧草地补播 $28.49 \times 10^4\,hm^2$，减畜 99.57×10^4 只羊单位，减畜率为 23.61%。

② 黑土型退化草地治理工程　建植多年生人工草地并长期禁牧封育，人工草地建植面积 $9.11 \times 10^4\,hm^2$，禁牧期 10 年。

③ 重度沙化型退化草地治理工程　采用免耕补播恢复草原植被并长期禁牧封育，建成半人工草地 $9.15 \times 10^4\,hm^2$，禁牧期 10 年。

④ 毒杂草型退化草地治理工程　采取毒草防除和灭治杂毒草＋季节性休牧等措施，毒杂草灭治 $33.86 \times 10^4\,hm^2$。

⑤ 鼠虫害防治工程　采用生物毒素人工防治地面鼠害、人工弓箭捕捉地下鼠、利用生物和药物防治虫害，总面积 $130 \times 10^4\,hm^2$。

近年来，退化草地采取围栏封育恢复等措施，保护冬春草场，恢复退化草地植被，提高了草地产草量，植被盖度达到 80% 以上。因此，退牧还草、禁牧封育、减畜育草，以草地植被保护为主，以治理和保护草地生态系统为重点，恢复退化草地植被，实现青海湖流域草地生态系统和青藏高原生态系统的保护与恢复[16,17]。

2.2　植物矿物元素营养研究现状

对植物矿物营养的认识，早在两千多年以前，人们就已认识到向土壤中加入矿物元素（例如植物灰分或石灰），对促进植物生长是有益的[23,24]。1840年，德国著名化学家李必希（Justus von Liebig，1803—1873）提出著名的"植物矿质营养学说"，认为：植物最初的营养物质必然是矿物营养，腐殖质只有通过改良土壤、分解矿物元素和 CO_2 来实现其营养作用。3 年后又提出"最小养分律"，即植物产量受土壤中数量最少的养分元素所限制。李必希的这两个学说在理论和实践上都有重大意义。在理论上说明了植物营养的本质。在实践上，引导出巨大的化肥工业，促进了当时工业和农业的发展[22]。自此，德国植物学家 Sachs 和 Knop 在 1860 年前后分别进行了一些关于植物营养液培养的科学试验，实践证明了矿物营养的正确性。以后人们利用这个技术，不断证实和发现了植物所必需的矿物元素。到 20 世纪 50 年代为止，人们已经确认了目前已知的 16 种植物必需元素。其中，碳、氧、氢、氮、钾、钙、镁、磷、硫、硅 10 种元素植物需要量较大，称为大量元素或常量元素；其余氯、铁、硼、锰、钠、锌、铜、镍、钼 9 种元素植物需要量很少，称为微量元素。影响植物吸收矿物元素的内在条件是：植物的选择性吸收与植物发育期和年龄，即植物对矿物营养元素的吸收具有选择性，同种植物对矿物元素的吸收随发育期和年龄而异。影响植物吸收矿物元素的外部环境条件是：温度与通气状况以及土壤酸碱度等。

现代植物营养学的先驱之一，美国加州大学教授 Hoagland（1884—1949）在 20 世纪初将植物营养液培养的配方科学化，导致了无土栽培（水培）产业的迅猛发展。他的发现矿物元素能逆浓度梯度进入植物体内，从而引起一系列关于矿物元素吸收、运输和代谢的研究[22,23]。20 世纪 50 年代初期，美国加州大学 Epstein 教授应用放射性同位素示踪技术研究植物根系对无机离子的吸收，发现矿质离子的吸收在一定范围内服从酶动力学原理，从而提出了离子吸收的酶动力假说，从机制上进一步发展和丰富了前人提出的载体概念。在这一基础上，后人又提出离子泵假说、变构酶假说等。近年来有发展成为离子通道、转运子等理论[22]。Epstein 教授还发现矿质养分吸收、运输的基因型差异，并首先提出植物营养特性遗传改良的重要思想，为今天蓬勃发展的植物营养遗传学打下了基础。

20 世纪 50 年代开始，以植物营养元素的土壤化学为中心的植物营养研究活跃起来。人们引入了土壤养分元素的强度、数量、容量等概念，从而对植物养分由传统的化学分析过渡到系统分析；人们又引入养分的流动性观点，从静态认识过渡到动态探索；还有，物理化学的观点渗透到植物营养中，使人们对植物养分的认识从表面提高到能量的本质描述[22,23]。20 世纪 80 年代以来，以德国 Marschner（1929—1996）教授为代表的学者系统地开展了植物根际营养的研究，阐明了根系分泌物对养分吸收效率及适应土壤逆境的作用，提出了植物适应缺铁胁迫的途径Ⅰ和途径Ⅱ等突破性根际营养新理论，为植物营养性状的定向改造提供了研究依据[22]。今天，植物营养学已经成为一个高度分化又高度综合的学科体系。

2.3　矿物元素铁的营养与药用基础研究

矿物元素铁是植物叶绿体发育和光合作用的重要营养成分，在植物呼吸作用中起重要作用的细胞色素也是由铁卟啉与蛋白质结合而形成的血红蛋白。矿物元素铁是一切生命体不可缺少的必需元素，参与氧的转运和利用，在植物体内不同的含铁蛋白构成了电子传递体系，参与光合作用、呼吸作用、硝酸还原作用、生物固氮作用等许多重要的生理代谢过程。其中细胞色素通过铁的氧化还原变化，传递代谢过程中释放的电子，再由细胞色素氧化酶将电子传递给氧分子，完成呼吸过程[79,80]。大多数植物体内铁含量（以干重计）的临界值为 50～150mg/kg，在石灰性土壤或 pH 较高的土壤（特别是黄土地区）常见到多种作物（包括木本林木）的缺铁失绿症。有些双子叶植物在严重缺铁时叶片黄白并在叶缘附近出现褐色斑点，豆科植物缺铁时根瘤菌和固氮量显著下降，植株矮小[22]。但在我国南方酸性渍水稻田常出现因亚铁过多而引起铁中毒的现象[93]，水稻叶片中铁元素中毒的临界值（以干重计）为500mg/kg。受害水稻下部叶片叶脉间出现褐斑，斑点从尖端向基部蔓延，叶色暗绿，严重时叶色呈紫褐色或褐黄色，即所谓"青铜病"，根发黑或腐烂[22]。青海唐古特大黄根茎组织中铁含量（以干重计）高达100～350mg/kg，而在叶片中铁含量（以干重计）高达300～550mg/kg[95,96]，且各组织器官中铁含量具有随着生长地海拔高度的增加而增加的矿物元素特征。

在现代医药学研究方面，机体铁缺乏除了引起缺铁性贫血影响正常发育外，还会引起神经递质合成障碍，导致语言、运动平衡等行为学功能的延迟。而铁水平增高与动脉粥样硬化、糖尿病、骨质疏松、肿瘤的发展和炎症对肝脏的损失密切相关[79,80]。铁代谢的研究一直为人们所关注，铁蛋白、铁硫蛋白、乳铁蛋白、铜蓝蛋白、转铁蛋白及转铁蛋白受体分子，铁调素、膜铁转运蛋白、二价金属离子转运体等的发现，人们已逐步认识了铁代谢及其调控的分子机制，铁代谢研究突飞猛进，已成为基础医学和生物学等相关学科最为活跃的研究领域之一[80,84]。研究表明，铁代谢的调控主要分两个层次：一是经典的铁代谢转录后调控模式即铁反应元件-铁调节蛋白作用模式，属于细胞水平的调控；二是铁调素-膜铁转运蛋白作用模式，属于组织之间或系统之间的调控。目前机体缺铁状态的研究已成为营养学领域的研究热点，但对于低氧条件下机体铁代谢的调节机制还缺乏深入的研究。低氧可使运动性低血红蛋白大鼠血清铁、血清铁蛋白和总铁结合力显著升高，但其具体的调节途径尚不清楚[84]。

2.4 矿物元素锌营养的生理与药理作用研究

锌是生命体细胞内浓度比较高的矿物元素，仅次于铁，为大多数生物体所必需的矿物元素。在植物体内，锌的含量因植物种类和品种不同而不同，一般在叶绿体、液泡及细胞壁中含量较高。在高等植物体内，矿物元素锌的营养功能是：a. 锌是多种酶的成分或激活剂，参与呼吸作用及多种物质代谢过程，对植物碳氮代谢产生广泛的影响；b. 参与生长素的合成，缺锌时，植物体内的生长素（吲哚乙酸，IAA）合成量锐减，在芽和茎中的含量明显下降，生长发育停滞；c. 参与光合作用和呼吸作用；d. 促进蛋白质合成，植物缺锌的明显特征之一是植物体内RNA聚合酶的活性降低，从而影响蛋白质合成；e. 促进生殖器官发育，锌和铜一样，是植物种子中含量比较高的矿物元素，影响着植物生殖器官发育和受精作用，实验表明，三叶草增施锌肥，对种子和花产量的增加幅度远远高于营养体产量的增加幅度，即锌对繁殖器官形成和发育起着重要作用；f. 提高植物抗逆性，锌可以增强植物对不良环境的抵抗能力，包括抗旱性和抗热性等。在供水不足和高温条件下，锌能增强光合作用强度，提高光合作用效率，锌还能提高植物抗低温或霜冻的能力。此外，施用锌肥，作物抗病能力增强[23,24]。

植物缺锌能使叶子和分生组织的细胞内产生深刻变化，缺锌时所出现的主要现象为生长的受抑制，植物开花期和成熟期推迟，开花不正常，落花落果严重，果实发育受阻，产量大幅度降低，原因在于植物缺锌导致细胞内的超氧化物歧化酶（SOD）活性下降，NADPH-氧化物活性增加，自由基大量累积，对细胞产生毒害作用，质膜受损，透性增加。在作物体内，锌浓度为400mg/kg时对大多数作物就可能造成锌中毒，解剖学研究表明，锌营养过剩，细胞结构破坏，叶肉细胞严重收缩，叶绿体明显减少。从形态上看，锌过量的植株比较矮小，叶片黄化[22,23]。

锌在人体内的生理、药理作用：a. 锌参与酶的合成与激活；b. 锌可维持生物膜的稳定性；c. 具有促进生长发育的作用，锌能促进胶原组织的形成，骨骼增长，锌参与生长激素、性激素，T_3等的合成与转化；d. 对激素代谢及功能的影响；e. 对免疫功能的影响，人体总锌量减少，可致免疫功能紊乱，对疾病易感性增高；f. 对味觉和消化功能的影响，缺锌可影响胰岛素的合成及功能发挥，缺锌也影响食欲和消化功能；g. 其他作用，如对外感受器感觉功能、皮肤黏膜及毛发的影响。动物体内缺锌可缺锌导致发育减慢，骨骼发育受损，还影响生殖系统及其失调[83]。

2.5 青海湖地区草地植物矿物元素研究

青海湖地区各类植被中从常量营养元素含量及矿物营养水平看，温性草原类植被的常量营养元素含量居区内各类植被之首，温性草原类植被具有较为丰富的矿物营养元素，是区内较为理想的畜牧业草场[65]。青海湖区植被微量元素自然背景值随植被类型的垂直变化而变化，即随着植被类型从沼泽植被、温性植被到高寒植被的垂直变化，植被微量元素自然背景值依次增大，也就是说区内植被微量元素自然背景值表现出与植被类型相一致的规律性变化。其中高寒植被中以高寒灌丛类微量元素自然背景值为最高，依次为高寒草甸、高寒流石坡、高寒草原[63]；青海湖区内植被非必需微量元素含量特征基本类同于植物非必需微量元素含量特征，表现出植被非必需微量元素含量特征排列顺序局部不同于区内植物非必需微量元素环境地球化学自然特征值的排列顺序[64]。通过高寒草地放牧系统（青海环湖地区）铜、铁、钼、锰等微量元素分析研究，认为从土-草-畜生态体系看，青海三角城羊场绵羊处于铁营养充足状况；牧草中冬季铜、钼、锰均低于正常值，绵羊处于低铜、低钼和低锰的生态环境与营养状况[71~75]。对于青海湖区高山流石坡和河谷灌丛植被微量元素分别进行了对比分析[69,70]。

有关青海湖流域草地中矿物元素的分布格局及蓄积分异行为的研究工作很少，但有关植物矿物元素营养的基础理论与无机矿物肥料等的应用研究，以及微量元素丰缺的植物营养生理学研究较多[98~110]，为我们的研究工作提供了大量的理论基础与方法指导。

3 | 研究内容与方法

3.1 自然概况

青海湖北岸行政区划主要为青海省海北藏族自治州刚察县，县府驻沙柳河镇。现有人口 3.95 万，藏族占 70% 以上。辖 5 个乡镇，31 个自然村，其中 25 个牧业村、6 个农业村，已基本形成较为完善的县、乡畜牧、兽医、草原推广服务体系[2,19]。境内还有省属三角城种羊场和州属青海湖农场两家国有农牧场。

刚察县地处祁连山系大通山脉中段，北部高山绵延，南部较低缓，形成由西北向东南倾斜的梯形地势。地貌类型主要有湖滨阶地、近代湖滩、近代河滩地、冲洪积倾斜平原、构造台地和剥蚀山地。境内主要河流有沙柳河、布哈河、克克塞曲等，其中沙柳河又称乌克兰河，为青海湖北岸河流，源头为冰冻沼泽区，海拔 4700m，流域面积约 1500km²，河长 106km，主要由降水补给，年均流量为 7.37m³/s，流向由西向东南注入青海湖[1,2]。

区内气候为典型的高原大陆性气候，寒冷干燥多风，冬长夏短，干湿分明。地区差异大，垂直变化明显。降水少而集中，蒸发强烈，年降水量 324.5～522.3mm，年平均降水量 371mm，相对湿度 54%，年蒸发量 1273.7～1847.8mm，年平均蒸发量 1446.6mm。年日照时数为 3030h，日照百分率 69%，年太阳辐射量 6347MJ/m²，年紫外线辐射量 396MJ/m²，总辐射量大。多年平均气温 −0.7℃，最冷月（1 月份）均温 −13.7℃，最热月（7 月份）均温 10.6℃。牧草生长期 120～162d，无霜期 46～130d。年大风日数 47d，多年平均风速 3.7m/s，最大风速 26.7m/s。县境内青海湖畔地势平坦，气候温暖，水源充足，土地肥沃，宜耕、宜牧和发展人工草场[2,19]。

刚察县是青海湖地区草地畜牧业生产的重要基地之一，全县天然草场冬春草场适宜载畜量为 62.72×10⁴ 头羊单位（包括人工草场及青饲料贮量载畜量

10.63×10^4 头羊单位），实际载畜量为 147.17×10^4 头羊单位，超载 84.45×10^4 头羊单位；夏秋草场适宜载畜量为 79.02×10^4 头羊单位，实际载畜量为 128.5×10^4 头羊单位，超载 49.48×10^4 头羊单位。综合冬春、夏秋、人工草地及青贮饲料的载畜量计算，全年理论载畜量为 65.13×10^4 头羊单位，实际载畜量为 147.17×10^4 头羊单位，超载 82.04×10^4 个羊单位[19]。

全县天然草场总盖度 30%～95%，平均盖度高于 81.4%，平均亩产鲜草 214.31kg，其中可食牧草鲜草产量 2717.9kg/hm²，占总产量的 84.55%，不可食产草量为 496.8kg/hm²，占 15.45%[15]。按照青海省天然草地分类系统，青海湖北岸草地主要分为温性草原类、高寒草原类和高寒草甸类，其中高寒草甸类又可分为高山草甸亚类和沼泽化草甸亚类[2,15,19]。

温性草原类主要分布于湖滨平原和大通山北麓的复合山系的山前丘陵地带，平均海拔为 3195～3500m。主要优势种为丛生禾草芨芨草 (*Achnatherum splendens*)，主要伴生种有紫花针茅 (*Stipa purpurea*)、扁穗冰草 (*Agropyron cristatum*)、赖草 (*Leymus secalinus*)、早熟禾 (*Poa pratensis*)、多枝黄芪 (*Astragalus polycladus*)、乳白香青 (*Anaphalis lactea*)、矮火绒草 (*Leontopodium nanum*) 等。不食和毒草主要有披针叶黄华 (*Thermopsis lanceolata*)、狼毒 (*Stellera chamaejasme*)、鸢尾 (*Iris tectorum*)、异叶青兰 (*Dracocephalum heterophyllum*) 等。建群种芨芨草具有耐盐、耐碱、耐旱的特点，在开花前期各类家畜乐食，利用率可达 50%，花后一般家畜很少采食，利用率降低。由于冷季残存好，植株高大，早春萌发早，是主要的冷季放牧草地。一般作为冬春草场是青海省相对稳定的地带性草地类型，呈现浅黄色草原景观。温性草原类草场可利用面积为 3.6×10^4 hm²，占全县可利用草场的 5.73%，盖度约为 30%～85%，平均 80% 左右。草群层次较明显，产鲜草 3561.8kg/hm²，其中可食鲜草为 3201.6kg/hm²，占总鲜草量的 89.89%，可载畜 6.52×10^4 头羊单位[14,15,19]。

高寒草原类主要分布于干旱阳坡和部分丘陵地区，平均海拔 3240～3543 m，以耐寒抗旱的丛生禾草为建群种，草群稀疏，覆盖度低，牧草低矮，层次结构简单，牧草生长期短，生物量低，草群中混生有适应高寒干旱环境的垫状植物和高山植物。主要优势种为紫花针茅，伴生种有矮嵩草 (*Kobresia capillifolia*)、早熟禾、赖草、垂穗披碱草 (*Elymus nutans*) 等。不食杂类草和毒草：异叶青兰、阿尔泰狗哇花 (*Heteropappus altaicus*)、狼毒、大花龙胆 (*Gentiana szechenyii kanitz*)、密花棘豆 (*Oxytropis imbricate*) 等。该类型草地一般在 5 月下旬开始萌发，草地季相单调，冷季一片枯黄，夏季呈黄绿色。该类型草地是良好的放牧场，营养成分含量较高。植物幼嫩时，适口性好，家畜喜食。针茅在种子成熟时易刺伤牲畜口腔，适口性下降。高寒草原类草场可利用总面积为 12.42×10^4

hm², 占全县可利用草场的 19.79％, 草场层次较为明显, 平均盖度为 85％左右, 产鲜草 3485.1kg/hm², 其中可食鲜草为 3308.4kg/hm², 占总鲜草量的 91.01％, 可载畜 23.26×10⁴头羊单位[14,15,19]。

高寒草甸类沼泽化草甸亚类主要分布于北岸默勒河流域的滩地, 平均海拔 3200～3800 m, 分布区的气候寒冷, 土壤潮湿, 季节性积水或终年积水。主要优势种为藏嵩草 (*K. tibetica*)、甘肃嵩草 (*K. kansuensis*)。伴生种主要有垂穗披碱草、早熟禾、紫花针茅、多枝黄芪等。植被低矮、植株密聚, 草地耐牧性强, 且草质柔软, 生长期内营养价值较高, 适口性较强, 家畜喜食, 是优良放牧草场。沼泽化草甸亚类草场可利用面积为 0.06×10⁴hm², 占全县可利用草场的 0.09％, 平均盖度为 95％, 产鲜草 2615.6kg/hm², 其中可食鲜草为 2225.7kg/hm², 占总鲜草量的 85.09％, 可载畜 0.07×10⁴头羊单位[14,15,19]。

高寒草甸类高山草甸亚类: 主要分布于刚察县北部、木里滩地、中部山区的阴坡地带, 平均海拔为 3200～4100m, 建群种多为中生的莎草科植物, 主要优势种为高山嵩草 (*Kobresia pygmaea*)、矮生嵩草 (*K. humilis*)、线叶嵩草 (*K. capillifolia*)、黑褐苔草 (*Carex alrofusca*)。主要伴生种有披碱草、乳白香青、青海黄芪 (*Astragalus tanguticus*)、矮火绒草 (*Leontopodium nanum*)、珠芽蓼 (*Polygonum viviparum*)、蒲公英 (*Taraxacum mongolicum*)、凤毛菊 (*Saussurea superba*) 等。不食和有毒杂草主要有: 青藏龙胆 (*Gentiana futtereri*)、甘肃马先蒿 (*Pedicularis kansuensis*)、密花棘豆等。该类型草地植物种类较多, 以耐寒中生和旱中生多年生植物为主, 形成较厚的草皮层。优势种高山嵩草草质好, 适口性强, 家畜喜食, 在生长期内营养丰富, 饲用价值较高, 牧民称之为抓膘牧草, 适于放牧利用。草地冷季一片枯黄, 暖季由绿变黄, 6～7 月份杂毒草鲜花争相开放, 草地显得格外绚丽多彩。高山草甸亚类草场可利用总面积为 46.7×10⁴hm², 其中: 冬春草场可利用面积为 15.57×10⁴hm², 占全县可利用草场的 24.8％, 植被低矮, 平均盖度为 80％左右, 产鲜草 3266.9kg/hm², 其中可食鲜草为 2523.2kg/hm², 占总鲜草量的 77.23％, 可载畜 22.24×10⁴头羊单位。夏秋草场可利用面积为 31.12×10⁴hm², 占全县可利用草场的 50％, 平均盖度为 95％左右, 产鲜草 2981.7kg/hm², 其中可食鲜草为 2065.2kg/hm², 占总鲜草量的 69.26 ％, 可载畜 79.02×10⁴头羊单位[14,15,19]。

青海湖北岸草地面积广阔, 产草量高, 草质佳、适口性好, 耐牧性强, 是优良的天然放牧场, 也是青海湖流域的重点牧业区。近年来通过实施退耕还林还草, 天然草原恢复与建设, 草地围栏建设, 生态环境建设, 有力地促进了青海湖北岸草地畜牧业生产与可持续发展。

青海湖北岸土壤类型多样, 垂直分布规律明显, 包括 7 个大类、17 个亚类, 大类有高山草甸土、山地草甸土、黑钙土、栗钙土、盐土、沼泽土和风沙土[1,2]。带谱组成简单，一般为栗钙土-黑钙土-高山草甸土。土壤有机质、氮、钾含量丰富，土壤肥力较高，是我国北方重点牧业区之一。

3.2 研究内容与方法

3.2.1 研究内容

青海湖流域丰富、优质的草地畜牧业资源与重要的生态屏障功能为世人瞩目，而脆弱的生态系统与日益恶化的生态环境令当今的专家学者们绞尽脑汁，矿物元素作为草地植物生长的必需营养之一，草地生态系统的退化与恢复演替进程中草地植物分布格局以及土壤结构的变化，必然伴随着其中矿物元素的蓄积分异等变化。根据青海湖北岸草地资源与生态系统中存在的科学问题，本研究的主要内容如下。

（1）退化与封育草地中矿物元素特征

选择温性干草原类芨芨草型草原、高寒山地干草原类紫花针茅型草原和高寒草甸类垂穗披碱草型草甸等为研究对象，通过植被群落特征调查，优势种和伴生种植物样品采集以及各类型草地土壤样品采集，矿物元素含量的分析测试，分析区内不同类型草地植物及植被中矿物元素统计学特征，阐释不同类型的退化与封育草地植物及植被中矿物元素的分布特征，主要指标包括：

① 植被群落特征 植物群落多样性、种群数量特征（高度、盖度、多度和频度）和地上生物量；

② 矿物元素特征   K、Na、Ga、Mg、P、Cu、Zn、Fe、Mn、Co、Ni、Pb、As、Hg、Cr、Cd 等含量。

（2）退化与封育草地中矿物元素的分布格局

根据各类型草地植被群落特征调查和矿物元素含量测试结果，分析随着海拔变化的不同草地类型中各优势种和伴生种植物中矿物元素的空间异质性，即在海拔梯度增加条件下不同类型草地植物中矿物元素的空间分布格局，阐释各类型草地植物中矿物元素与海拔之间的相关性，解决不同海拔高度条件下各类型草地生态系统演替进程中草地植物对矿物元素营养的需求。

根据各类型草地在不同时间（封育 5 年和封育 20 年）封育恢复的条件下，其中矿物元素的变化特征，阐释矿物元素对于恢复演替时间的响应过程，即在不同恢复时间条件下各类型草地植物中矿物元素的时间分布格局，阐释草地植物矿物元素与封育时间之间的相关性，解决在不同时间封育恢复条件下各类型草地生态系统演替进程中草地植物对矿物元素营养的需求。

（3）草地生态系统演替进程中矿物元素的蓄积分异行为及其作用机理

选择不同类型的退化草地与封育草地为研究对象（互为对照），分析典型植物、植被及土壤中矿物元素蓄积分异特征，阐释草地植物生长与矿物元素蓄积分异行为之间的关系，探讨各类型草地植物中矿物元素发生蓄积分异行为的可能机理，说明草地矿物元素的蓄积分异是对于草地生态系统退化与恢复演替进程的响应，解决矿物元素在天然草地资源保护、人工草地建设以及草地生态系统恢复与修复等工程实践中具有生产指导作用这一科学问题。

（4）草地矿物元素分布格局的作物种植试验与人工草地中矿物元素特征

选择青海西宁南北的大坂山、拉脊山为试验样地，通过青稞、胡萝卜等作物栽培试验，对青海湖北岸草地矿物元素特征和空间分布格局进行检验，探讨草地植物中富铁营养的功能与作用；通过青海湖北岸人工草地中矿物元素特征及空间分布格局的分析，诠释草地矿物元素理论在草业生产和草地生态畜牧业可持续发展中具有理论与实践指导作用。

（5）草地生态系统中矿物元素的生物地球化学循环

通过草地优势种、伴生种植物与土壤中矿物元素特征分析，探讨矿物元素在草地界面间地球化学循环，以及通过食物链传递在草地生态系统和草地畜牧业生产中循环，以矿物元素营养学原理为基础，探讨其对草地畜产品和人体健康的利益与潜在风险。

3.2.2　研究方法

（1）各草地类型的植物群落特征调查与样品采集

样地选择：依据草地类型和海拔高度，分别选择河边滩地（垂穗披碱草型高寒草甸）、那仁火车站（芨芨草型温性干草原）、烂泥湾（紫花针茅型高寒山地干草原）、加洋沟山顶（小嵩草草甸）和上果洛秀麻村（温性草原和高寒草甸）等地的退化草地和封育草地为试验样地，各试验样地信息见表 3-1、图 3-1～图 3-3。

2009 年 9 月初进行植被群落调查，植物和土壤样品采集。

植被调查　植物群落特征调查采用样带法，样带长 50m，每隔 5m 设置一条样方，样带间隔 5m。其中草地采用 50cm×50cm 样方。地上生物量采用标准收获法。

样品采集　2009 年 9 月初于各试验样地内设 1.0m×1.0m 样方，并就样方内优势种和次优势种植物分别齐地刈割，分种袋装，在每一样地内各植物种样品分别采集 3 份为重复，阴干，保存备用；同时采用土钻法分层采集相应样地

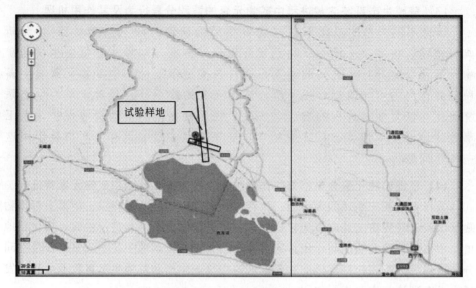

图 3-1　样地位置

（0～10cm、10～20cm、20～30cm、30～40cm、40～60cm）的土壤样品，3 次重复，阴干，保存备用。

表 3-1　样地概况

样地名称	草地类型	样地设置	地理位置	海拔高度/m
加洋沟山顶	高寒草甸	退化草地（通道） 封育草地（2000 年封）	N 37°23.0～N 37°22.5 E 100°14.6～E 100°14.4	3500～3400
烂泥湾	高寒山地干草原	退化草地（通道） 封育草地（1980 年封）	N 37°18.0～N 37°17.6 E 100°14.5～E 100°14.1	3320～3280
那仁车站	温性干草原	退化草地（通道） 封育草地（1980 年封）	N 37°15.0～N 37°14.8 E 100°16.4～E 100°16.1	3220～3210
河边滩地	高寒草甸	退化草地（通道） 封育草地（1985 年封）	N 37°14.5～N 37°14.3 E 100°13.6～E 100°13.3	3210～3200
上果洛秀麻村	温性草原	退化草地（通道） 封育草地（1980 年封）	N 37°16.9～N 37°16.4 E 100°20.0～E 100°19.3	3320～3250
县城西	—	封育种植（2003 年封）	N 37°18.5～N 37°18.6 E 100°06.4～E 100°06.6	
三角城羊场	—	封育种植（2000 年封）	N 37°15.3～N 37°15.4 E 100°12.3～E 100°12.4	
铁路边坡	—	封育种植（2006 年封）	N 37°14.6～N 37°14.7 E 100°16.2～E 100°16.3	

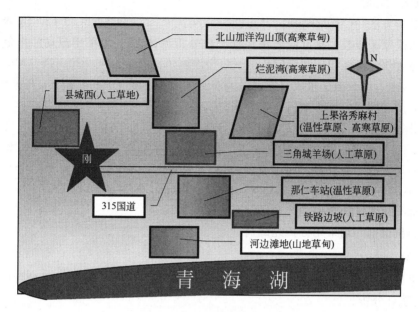

图 3-2 青海湖北岸试验样地选择平面示意

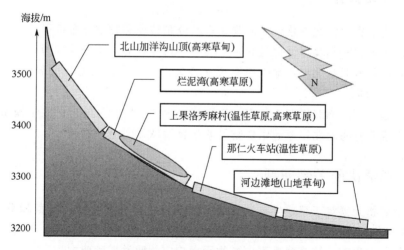

图 3-3 青海湖北岸试验样地选择垂直剖面示意

（2）矿物元素分析测试

样品处理 植物样品首先采用蒸馏水冲洗、烘干等预处理；土壤样品经烘干、研磨、过 100 目（2mm）筛等预处理后，再用 $HClO_4$ 和 HNO_3（V∶V，1∶4）进行消化处理，定容，备用，待上机测试。

分析项目 Cu、Zn、Fe、Mn、Co、Ni、K、Na、Ca、Mg、P、Li、Sr、

Pb、Cr、Cd 等。

分析方法　Cu、Zn、Fe、Mn、Co、Ni、K、Na、Ca、Mg、Li、Sr 等元素采用火焰原子吸收仪标准曲线法加标回收分析测试；Pb 等采用流动注射氢化法原子吸收仪标准曲线法加标回收测试，土壤测 As、Hg、Se；Cd、Cr、Mo、Al、Ag 等采用石墨炉原子吸收仪标准曲线法测试，土壤测 V，植物测 B；P 采用 721 分光光度计标准曲线法加标回收测试。

分析仪器　TAS-986 原子吸收分光光度计（北京普析通用有限公司）；WHG-103A 流动注射氢化物发生器（北京浩天晖有限公司）；GFH-986 原子吸收石墨炉电源（北京普析通用有限公司）；721 分光光度计（上海第二分析仪器厂）；AR1140 电子天平（Chaus Corp. Pine Brock，NJ，USA）。

标准溶液　购自中国计量科学研究院。

分析试剂　均采用分析纯试剂。

（3）统计分析

采用 SPSS 17.0 软件对测试数据分别进行算数平均值、标准差等统计计算和 t 检验统计分析。

3.3　研究目标

① 明确青海湖北岸草地中矿物元素的分布特征和时空分布格局；

② 区分青海湖北岸退化与封育草地中矿物元素的蓄积分异行为；

③ 阐释青海湖北岸草地生态系统演替进程中矿物元素蓄积分异行为及其可能的作用机理；

④ 建立青海湖北岸草地生态系统演替进程中矿物元素响应的数学模型；

⑤ 说明青海湖北岸草地中矿物元素生物地球化学循环过程。

3.4　拟解决的关键问题

① 矿物元素对于草地生态系统演替响应的时空分布特征及其蓄积分异行为发生的可能机制；

② 草地生态系统演替进程中矿物元素响应的数学模型建立；

③ 草地矿物元素生物地球化学循环对于草地生态系统保护与建设、草地资源可持续利用和草地生态畜牧业生产的指导作用以及对于人体健康的意义。

3.5　技术路线

见图 3-4。

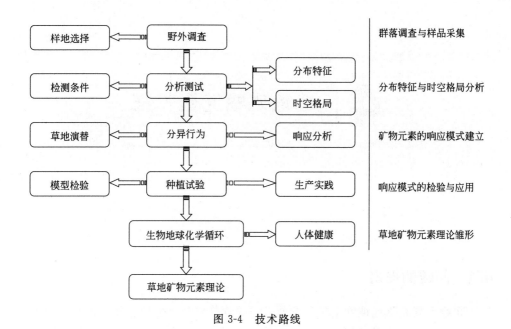

图 3-4　技术路线

4 | 草地矿物元素特征

4.1 问题的提出

矿物元素是草地植物生长发育所必需的营养成分，生长状况迥异的退化与封育草地植物中矿物元素的特征迥异则是不言而喻，来自于草地土壤，供给于草地植物，贯穿于草地生态系统，伴随着草地生物地球化学循环而存在的草地矿物元素，必然伴随着草地生态系统的更新演替而发生变化。青海湖北岸各类型退化与封育草地植物中矿物元素各具特点吗？

4.2 材料与方法

4.2.1 样地选择

依据青海湖北岸草地类型的不同选择河边滩地（沼泽草甸）、那仁火车站（芨芨草草原）、烂泥湾（针茅草原）、加洋沟山顶（高寒草甸）和上果洛秀麻村（温性草原和高寒草甸）等 5 个样地内的退化草地和封育草地为试验样地。各样地相关信息见表 3-1，各样地地理位置见图 4-1，图 4-2。

河边滩地样地位于三角城种羊场二大队，距青海湖水面主体约 3km 的围栏封育（1985 年封育）沼泽化高寒草甸处，草地属高寒草甸类垂穗披碱草（Elymus nutans）型草甸，植被盖度 98%，禾本科草高 30~40cm；退化草地选于围栏外的自由放牧草地上，禾本科稀疏，高度为 35cm，盖度为 5%~10%。

那仁火车站样地位于青藏铁路那仁火车站南 1km 的围栏封育（1980 年封育）芨芨草（Achnatherum splendens）草原处，草地属温性干草原类，优势种植物芨芨草分布均匀，盖度 70%；退化草地位于围栏外的自由放牧草地上，南段植被盖度 45％，北段植被盖度约 20％～25％，芨芨草高度南北段差异不大，均在 40～50cm。

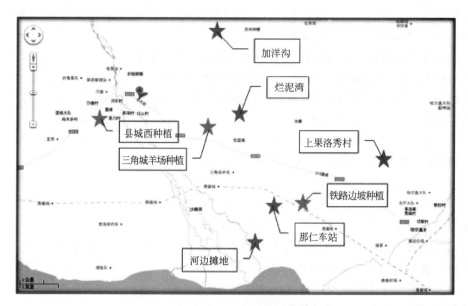

图 4-1　青海湖北岸各类型草地样地地理位置

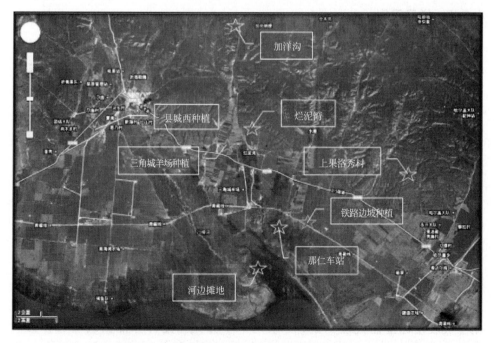

图 4-2　青海湖北岸各类型草地试验样地分布

烂泥湾样地位于三角城种羊场北 2km 的围栏封育（1980 年封育）紫花针茅（*Stipa purpurea*）草原处，草地属高寒山地干草原类，优势种植物紫花针茅分布较均匀，盖度 55%；退化草地位于围栏外的自由放牧草地上，其中狼毒（*Stellera chamaejasme*）盖度为 30%。

加洋沟山顶位于三角城种羊场西北 15km 的围栏封育（2000 年封育）小嵩草（*Kobresia pygmaca*）草甸处，草地属高寒草甸类，优势种植物小嵩草分布较均匀，草皮层厚 17cm，盖度 90%；退化草地位于围栏外的自由放牧草地上，黑斑占地表 45%，裂缝明显。

上果洛秀麻村位于三角城种羊场东 15km 的围栏封育（1980 年封育）芨芨草、紫花针茅和垂穗披碱草山地草甸处，盖度分别为 30%、45%、60%。

铁路边坡位于那仁车站东 3km 的青藏铁路路基北面，2006 年封育种植有垂穗披碱草、紫大麦和星星草等，三角城羊场三大队施肥。

三角城羊场位于场部外东侧种植试验基地，2000 年封育种植有早熟禾、老芒麦、披碱草、紫花苜蓿、中华羊茅等多种植物。

县城西位于刚察县县城西 9km 处，2003 年弃耕为退牧还草地，封育种植有垂穗披碱草、早熟禾、星星草等。

4.2.2 样品采集

2009 年 9 月初在各类型的试验样地内进行植物和土壤样品采集。各样地内设 1.0m×1.0m 样方，并就样方内优势种和次优势种植物分别齐地刈割，分种袋装，在每一样地内各植物种样品分别采集 3 份为重复，阴干，保存备用；同时采用土钻法分层采集相应样地的土壤样品，3 次重复，阴干，保存备用。

4.2.3 元素分析

样品预处理与消化：植物样品首先采用蒸馏水冲洗、烘干等预处理；土壤样品经烘干、研磨、过 100 目筛（2mm）等预处理，再用 $HClO_4$ 和 HNO_3（V∶V，1∶4）进行消化处理，定容，备用。

分析项目与方法　Cu、Zn、Fe、Mn、Co、Ni、K、Na、Ca、Mg、Li、Sr 等元素采用火焰原子吸收仪标准曲线法加标回收分析测试；Pb 等采用流动注射氢化法原子吸收仪标准曲线法加标回收测试；Cd、Cr 等采用石墨炉原子吸收仪标准曲线法测试；P 采用 721 分光光度计标准曲线法加标回收测试。

分析测试用仪器　TAS-986 原子吸收分光光度计（北京普析通用有限公司）；WHG-103A 流动注射氢化物发生器（北京浩天晖有限公司）；GFH-986 原子吸收石墨炉电源（北京普析通用有限公司）；721 分光光度计（上海第二分析仪器厂）。

标准溶液与试剂　标准溶液购自中国计量科学研究院，试剂均为分析纯。

4.2.4　数据处理

采用 SPSS 17.0 软件对测试数据分别进行算数平均值、标准差等统计计算和 t 检验统计分析。

4.3　结果与讨论

4.3.1　天然草地植物中矿物元素特征

（1）天然草地植物中矿物元素具有特征谱

青海湖北岸各类型天然草地植物中矿物元素具有因种而异的显著特征，在植物分类学上的每个植物种都有属于自己的特异矿物元素特征谱，即草地植物矿物元素具有植物种的特异性。植物种不同则相同元素含量差异较大，在同一土壤和气候等生活环境下，植物群落中每个植物中仍有各自的矿物元素特征谱（图4-3），这是植物基因型所决定的，也是长期适应其生长环境的结果。同一种植物在不同类型草地中也具有各自矿物元素特征谱（图4-4），同一种植物在相同类型草地的退化与封育样地中矿物元素也具有差异性（图4-5，表4-1），可见草地植物中矿物元素特征谱的组成十分复杂而有意义，矿物元素特征谱可以说是具有表征、鉴别草地植物的指纹图谱的功能作用，既反映草地植物长期适应进化而表现出植物种的基因型成分，又反映草地植物对其生长环境的及时响应的成分，草地植物中矿物元素含量是植物基因型表现（内因）和生活环境制约（外因）二者的叠加与综合表征，是内、外二因素共同作用的结果。即草地植物矿物元素特征谱既是草地植物种的特异表征，又是草地生态系统自然演替进程的综合体现。若清晰地分离解析出草地植物中反映植物基因型特征的矿物元素部分，则草地植物中矿物元素特征就是草地生态系统演替的表征，即从草地植物矿物元素特征谱中反演解析出草地生态系统演替进程，从而通过草地矿物元素分析实现草地生态系统演替的动态监测，并为人工草地建设、退化草地恢复与修复等草业生产实践提供理论指导。因此，草地矿物元素特征分析也是草地生态系统演替研究的重要基础之一。

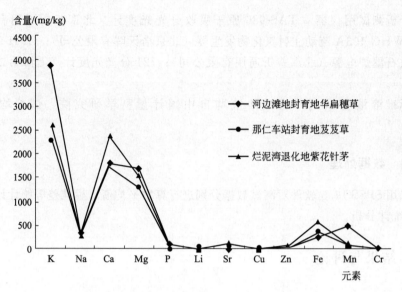

图 4-3　青海湖北岸草地植物中矿物元素特征谱

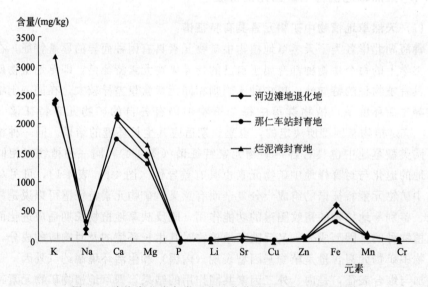

图 4-4　青海湖北岸各类型草地芨芨草中矿物元素特征谱

（2）天然草地植物中矿物元素具有垂直带状谱特征

青海湖北岸自南至北草地类型依次为垂穗披碱草型高寒草甸（河边滩地）、芨芨草型温性干草原（那仁火车站）、紫花针茅型高寒山地干草原（烂泥湾）、小嵩草草甸（北山加洋沟山顶），各类型草地植被中矿物元素含量随着草地类型的变化而变化（表 4-2），表现出自南至北随着海拔高度的增加，植被和土壤中矿物元素也增加的变化趋势。

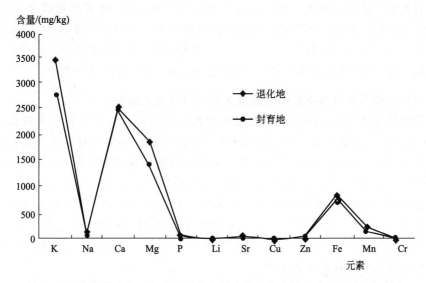

图 4-5　青海湖北岸加洋沟山顶退化与封育草地紫花针茅中矿物元素特征谱

表 4-1　青海湖北岸那仁车站典型植物中矿物元素含量　单位：mg/kg

类型	植物名称	Cu	Zn	Fe	Mn	K	Ca	Cd
退化草地	委陵菜	10.30a	95.21a	344.1a	137.3a	2770	2147a	0.3699a
	披针叶黄华	7.763	41.66a	283.6a	262.9a	2518	2041a	0.4348
	星星草	4.654	95.55a	369.9a	204.3a	2656	1930a	0.5007a
	赖草	5.825a	67.04a	656.5a	127.3a	2882a	2291a	0.2544a
	芨芨草	2.936a	28.94	323.6	54.4a	2646	1867a	0.0149a
封育草地	委陵菜	6.293b	79.65b	255.6b	402.2b	2571	2345b	0.5904b
	披针叶黄华	7.720	24.02b	141.3b	158.0b	3071	2502b	0.4264
	星星草	4.126	58.38b	486.6b	269.2b	2848	2002	0.0784b
	赖草	7.889b	40.01b	539.0b	192.4b	3235b	2300	0.0603b
	芨芨草	0.908b	29.61	366.6	69.0b	2367	1760b	0.0635b

注：a、b 代表同一元素同一种植物在退化与封育草地之间的显著性差异，$p < 0.05$。

表 4-2　青海湖北岸各试验样地草地植被中矿物元素含量　单位：mg/kg

样地名称		Ca	Ni	B	海拔/m
河边滩地	退化草地	2191±203.0a	5.660±1.391a	14.24±4.209	3209
	封育草地	1726±598.1b	4.382±1.160b	14.40±3.242	
那仁车站	退化草地	2126±146.9	4.244±1.302	15.48±4.713	3216
	封育草地	2236±204.3	4.237±1.547	15.29±4.196	
烂泥湾	退化草地	2285±167.9	4.823±0.9115a	16.25±2.950a	3291
	封育草地	2210±159.5	4.705±1.191b	14.94±3.147b	
加洋沟	退化草地	3084±706.0a	7.134±1.981a	19.84±2.865a	3462
	封育草地	2246±297.7b	3.961±1.452b	15.70±3.123b	

注：a、b 代表同一元素同一种植物在退化与封育草地之间的显著性差异，$p < 0.05$。

自南至北的河边滩地、那仁车站、烂泥湾和加洋沟，随着海拔高度3209m、3216m、3291m、3462m的增加，退化草地植被中B元素含量依次为14.24mg/kg、15.48mg/kg、16.25mg/kg、19.84mg/kg，草地植被中矿物元素含量与海拔之间具有正相关性，即青海湖北岸草地中矿物元素具有垂直带状谱的分布特征。

(3) 天然草地植物中矿物元素与株高之间具有负相关性

天然草地植物中矿物元素含量与植物株高之间负相关又是其显著特征之一（图4-6～图4-9，表4-3）。河边滩地封育草地中Cu、Fe均与株高负相关，相关系数分别为−0.9574、−0.9135；烂泥湾退化草地中Mn与株高之间相关系数为−0.9956，封育草地中Zn与株高之间相关系数为−0.4353；那仁车站退化草地植物中Zn与株高之间相关系数为−0.9454，封育草地植物中Zn与株高之间相关系数为−0.8961。烂泥湾退化草地植物中Sr与株高之间相关系数为−0.4934，封育草地植物中Sr与株高之间相关系数为−0.5181，即天然草地植物中矿物元素含量与株高之间具有负相关关系。

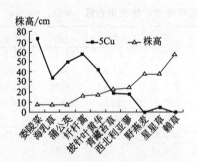

图4-6　河边滩地封育草地植物中Cu与株高

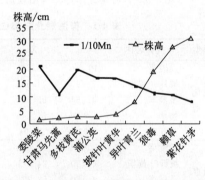

图4-7　烂泥湾退化草地植物中Mn与株高

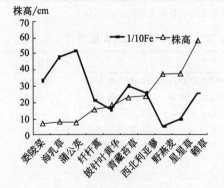

图4-8　河边滩地封育草地植物中Fe与株高

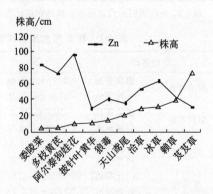

图4-9　烂泥湾封育草地植物中Zn与株高

表 4-3 青海湖北岸烂泥湾典型植物中矿物元素含量与株高

类型	植物名称	Na/(mg/kg)	Sr/(mg/kg)	Li/(mg/kg)	株高/cm
退化草地	委陵菜	244.6a	179.8a	5.241a	1.5a
	甘肃马先蒿	373.2	197.0	7.480	2
	多枝黄芪	250.4	162.0a	6.553a	2.5a
	蒲公英	372.1	216.7	7.367	2.5
	披针叶黄华	522.1a	371.4	7.023	3.3a
	异叶青兰	654.7	232.5	8.267	7.8
	狼毒	201.3a	262.3a	6.685a	18.5a
	赖草	340.3a	99.62a	7.107	28a
	紫花针茅	228.9	123.2	5.816	31
	元素质量分数与株高相关性	−0.3175	−0.4934	−0.1825	
封育草地	委陵菜	221.1b	286.9b	6.886b	5b
	多枝黄芪	257.4	165.4	7.296b	5
	阿尔泰狗哇花	299.7	176.0	7.811	8.6b
	披针叶黄华	436.1b	385.4	6.941	10.5b
	狼毒	318.6b	162.7b	6.051b	14b
	天山鸢尾	225.8	390.2	5.878	21a
	恰草	139.2	101.6	6.283	28
	冰草	135.9	109.5	6.506	31
	赖草	433.3b	74.82b	7.040	39b
	芨芨草	152.8	93.04	6.811	72
	元素质量分数与株高相关性	−0.3194	−0.5181	−0.1705	

注：a、b 代表同一元素同一种植物在退化与封育草地之间的显著性差异，$p < 0.05$。

(4) 天然草地中有对某一矿物元素敏感的指示性植物

个别草地植物对某一矿物元素非常敏感也是草地植物矿物元素的显著特征之一，即天然草地中个别植物对某一矿物元素具有极易富集的敏感性（表 4-4）。那仁车站封育草地中达乌里秦艽和星星草的 Cu 元素含量分别为 20.47mg/kg、20.31mg/kg，是该样地优势种植物芨芨草中 Cu 元素含量的 6 倍以上；上果洛秀麻村弃耕封育地中铺散亚菊的 Cu 元素含量为 27.65mg/kg，是该样地紫花针茅中 Cu 元素含量的 5 倍。那仁车站封育草地中马蔺的 Sr 元素含量 553.1mg/kg，是该样地优势种植物芨芨草中 Sr 元素含量（44.47mg/kg）的 12 倍以上。河边滩地封育地中西伯利亚蓼的 Pb 元素含量为 38.77mg/kg，是该样地优势种植物垂穗披碱草中 Pb 元素含量（0.3718mg/kg）的 100 倍，相差很大，即草地中个别植物对某一矿物元素极为敏感，在同样的土壤和大气环境下，较同样地中其他植物能更灵敏地富集某一种矿物元素，即个别草地植物具有矿物元素的指示性特征。通过草地植物中矿物元素含量及特征分析，发现一些对矿物元素极为敏感的草地植物种，将对生物地球化学找矿、汉藏药资源可持续利用、绿色草地畜牧业生产，区域生态环境保护和草地生态系统安全评价[152]等具有重要意义。

表 4-4 青海湖北岸草地植物中矿物元素

序号	样地名称	植物名称	元素	含量/(mg/kg)
1	烂泥湾封育地	蒲公英	Cu	21.21
2	那仁车站封育地	达乌里秦艽	Cu	20.47
3	那仁车站封育地	星星草	Cu	20.32
4	上果洛秀封育地	铺散亚菊	Cu	27.65
5	加洋沟退化地	矮火绒草	Zn	125.4
6	烂泥湾封育地	铺散亚菊	Zn	147.5
7	加洋沟退化地	矮生嵩草	Fe	1031
8	加洋沟退化地	达乌里秦艽	Fe	1030
9	加洋沟退化地	矮火绒草	Mn	356.8
10	加洋沟退化地	高山小嵩草	Mn	577.8
11	那仁车站封育地	海韭菜	Cr	14.16
12	河边滩地封育地	西伯利亚蓼	Pb	38.77
13	三角城羊场封育地	阿尔泰狗哇花	Pb	39.98
14	那仁车站封育地	委陵菜	Pb	44.80
15	加洋沟退化地	密花棘豆	Cd	1.843
16	烂泥湾封育地	委陵菜	Cd	1.426

4.3.2 退化与封育草地中矿物元素特征

青海湖北岸草地植被中矿物元素因草地类型而异，不同草地类型的植被中矿物元素含量也有差异性（图 4-10，表 4-5，表 4-6），即各类型草地植被均具有各自特异的矿物元素特征谱。不同类型的草地中构成植被的植物群落各异，其优势种和伴生种植物不同，且草地土壤的类型、结构和化学成分等有所不同，则相应各类型草地植被中矿物元素含量有差异是无疑的。

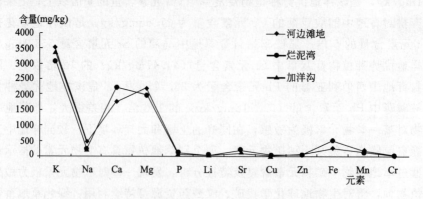

图 4-10 青海湖北岸各类型草地植被中矿物元素特征谱

表 4-5 青海湖北岸各试验样地草地植被中矿物元素含量 单位：mg/kg

样地名称		K	Ca	Mg	P
河边滩地	退化草地($n=8$)	3483±557.8a	2191±203.0a	2553±797.7a	86.17±41.71a
	封育草地($n=18$)	3525±538.8b	1762±598.1b	2199±884.6b	97.89±46.94b
那仁车站	退化草地($n=9$)	2714±150.1a	2126±146.9a	2657±725.4a	118.7±55.54a
	封育草地($n=14$)	2756±326.0b	2236±204.3b	2315±613.9b	107.7±58.94b
烂泥湾	退化草地($n=11$)	3236±375.3a	2285±167.9	2818±673.8a	125.4±67.05a
	封育草地($n=17$)	3101±453.6b	2210±159.5	1974±418.6b	112.5±49.61a

注：a、b代表同一元素同一种植物在退化与封育草地之间的显著性差异，$p<0.05$。

表 4-6 青海湖北岸各试验样地土壤中矿物元素含量 单位：mg/kg

样地名称	K		Ca		Mg		P	
	退化	封育	退化	封育	退化	封育	退化	封育
河边滩地	13265	13513	10772a	14270b	2463	2483	345.0a	383.2b
那仁火车站	14507a	15709b	29277a	19465b	2853a	2589b	397.2a	485.3b
烂泥湾	16522	16264	12293a	10236b	2323a	2267b	314.9	312.7

注：a、b代表同一元素同一种植物在退化与封育草地之间的显著性差异，$p<0.05$。

（1）退化草地中矿物元素具有蓄积性

退化与封育草地中矿物元素含量具有差异性是各类型草地中矿物元素的重要特征之一，且退化草地较封育草地植被中矿物元素含量高（表 4-5，表 4-7），而退化草地较封育草地土壤中矿物元素含量低（表 4-6），即退化草地较封育草地植物中矿物元素具有蓄积性，且植被与土壤中矿物元素含量具有负相关性。

表 4-7 青海湖北岸各试验样地草地植被中矿物元素含量与地上生物量

样地名称	种类	Cu/(mg/kg)	Zn/(mg/kg)	Fe/(mg/kg)	Mn/(mg/kg)	株高/cm	地上生物量/g
河边滩地	退化	7.670±4.836a	57.02±9.465a	175.5±79.37a	634.7±145.0a	10.52±11.92a	209.4
	封育	6.127±4.622b	50.11±23.72b	83.49±112.5b	237.3±129.5b	20.96±14.57b	308.8
那仁车站	退化	9.160±5.483a	72.80±28.46a	138.4±62.05a	439.7±142.5a	35.53±20.03a	316.6
	封育	7.868±4.648b	55.46±21.30b	165.6±97.09b	407.1±185.2a	40.39±32.55b	321.5
烂泥湾	退化	10.48±5.046a	53.76±12.47a	138.0±41.52a	475.3±104.6a	13.30±16.27a	104.6
	封育	7.275±4.662b	60.90±29.81b	164.6±93.44b	507.4±157.2b	17.31±16.20b	214.5
元素含量与株高相关性		0.0027	−0.0805	−0.0114	−0.4162		

注：a、b代表同一元素同一种植物在退化与封育草地之间的显著性差异，$p<0.05$。

河边滩地退化草地较封育草地的植被中 Cu、Zn、Fe、Mn 等矿物元素含量分别增加 25.2%，13.8%，110.2%，167.5%，植物株高和地上生物量分别减小了 49.8%，32.2%，退化草地植被中具有矿物元素蓄积性特征，且同类型草地植被中矿物元素与植物株高和地上生物量之间具有负相关性。烂泥湾退化草地、封育草地植被中 Cu 分别为 10.48mg/kg、7.275mg/kg，退化草地植被中 Cu

增加了 44.1%，而土壤中 Cu 分别为 13.99mg/kg 和 24.19mg/kg，退化草地土壤中 Cu 减小了 42.2%，即退化草地和封育草地的土壤与植被中矿物元素含量之间具有负相关关系。

(2) 退化与封育草地中矿物元素含量与土壤容重具有负相关性

退化与封育草地土壤中矿物元素含量和土壤容重也具有差异性（表 4-8）。

表 4-8　青海湖北岸各试验样地土壤（0～10cm）中矿物元素含量

样地名称	Cu/(mg/kg)		Zn/(mg/kg)		Fe/(mg/kg)		Mn/(mg/kg)		土壤容重/(g/cm³)	
	退化	封育	退化	封育	退化	封育	退化	封育	退化	封育
河边滩地	20.84a	18.76b	87.25a	77.62b	14875	14210	821.8a	779.3b	1.263	1.083
那仁车站	21.13a	23.15b	101.00a	431.40b	13824a	14876b	943.6a	883.9b	1.197	0.737
烂泥湾	13.99a	24.19b	45.10a	102.50b	12852a	14753b	677.0a	777.9b	1.170	1.053

注：a、b 代表同一元素同一种植物在退化与封育草地之间的显著性差异，$p < 0.05$。

封育草地土壤较退化草地土壤中矿物元素增加而土壤容重降低，表现出退化和封育草地土壤中矿物元素与土壤容重具有负相关性。烂泥湾封育草地较退化草地的土壤中 Cu、Zn、Fe、Mn 等元素含量分别增加 72.9%，127.3%，14.8%，14.9%，而土壤容重却减小了 10%，即封育草地土壤中矿物元素含量蓄积增加，而土壤容重却在降低，草地土壤中矿物元素与土壤容重具有负相关性特征。

(3) 退化与封育草地中矿物元素与植物株高具有负相关性

退化草地和封育草地典型植物中矿物元素含量与植物株高之间具有负相关关系（表 4-9）。河边滩地的青藏苔草、星星草中，烂泥湾的赖草、披针叶黄华中 Cu、Zn、Fe、Mn 等矿物元素均为退化草地高于封育草地，植物株高为退化草地低于封育草地。如：河边滩地退化草地较封育草地的青藏苔草中 Cu、Zn、Fe、Mn 等微量元素含量分别增加 38.7%，27.4%，51.6%，16.1%，植物株高降低了 77%，即退化草地植物中微量元素蓄积增加而植物株高却在降低。河边滩地的青藏苔草、星星草，烂泥湾的赖草、披针叶黄华中 Cu、Zn、Fe、Mn 等矿物元素含量与植物株高负相关，即同类型草地的同一植物中 Cu、Zn、Fe、Mn 等矿物元素含量与植物的株高之间具有负相关关系。

表 4-9　青海湖北岸退化与封育草地植物中矿物元素含量与株高

植物名称	样地名称	草地类型	Cu/(mg/kg)	Zn/(mg/kg)	Fe/(mg/kg)	Mn/(mg/kg)	株高/cm
芨芨草	河边滩地	退化	2.936a	28.94	323.6a	54.36a	105a
		封育	0.908b	29.61	366.6b	68.95b	120b
星星草	河边滩地	退化	2.672a	65.72a	577.0a	90.44a	30a
		封育	2.184b	22.95b	99.80b	25.47b	38b
	那仁车站	退化	4.654a	95.55a	369.9a	204.3a	46a
		封育	4.126b	58.38b	486.6b	269.2b	55b

续表

植物名称	样地名称	草地类型	Cu/(mg/kg)	Zn/(mg/kg)	Fe/(mg/kg)	Mn/(mg/kg)	株高/cm
青藏苔草	那仁车站	退化	7.100a	58.57a	625.6a	139.5a	5.3a
		封育	4.354b	42.51b	302.8b	117.1b	23b
赖草	那仁车站	退化	5.825a	67.04a	656.5a	127.3a	53a
		封育	7.889b	40.01b	539.0b	192.4b	70b
	烂泥湾	退化	5.617a	55.58a	453.9a	104.8a	28a
		封育	2.483b	43.20b	395.5b	99.28b	39b
委陵菜	河边滩地	退化	11.20a	65.89a	699.8a	247.0a	3.0a
		封育	8.947b	104.6b	328.9b	100.7b	7.5b
	烂泥湾	退化	12.72a	54.07a	332.7a	213.6a	1.5a
		封育	11.82b	84.17b	636.4b	308.4b	5.0b
披针叶黄华	烂泥湾	退化	13.93a	43.24a	430.1a	161.5a	3.3a
		封育	8.193b	28.47b	227.1b	137.3b	10.5b
多枝黄芪	烂泥湾	退化	11.81a	57.48a	674.1a	196.8a	2.5a
		封育	13.44b	72.62b	800.2b	264.9b	5.0b
蒲公英	烂泥湾	退化	21.21a	67.94a	504.7a	167.7a	2.5a
	河边滩地	封育	9.974b	90.08b	519.1b	138.9b	8.0b
元素含量与株高相关性		退化	−0.6794	−0.2311	−0.3881	−0.6706	
		封育	−0.6969	−0.2889	−0.1705	−0.2888	

注：a、b 代表同一元素同一种植物在退化与封育草地之间的显著性差异，$p < 0.05$。

河边滩地退化草地、封育草地的委陵菜中 Cu 分别为 11.20mg/kg、8.947mg/kg，即退化草地较封育草地的委陵菜中 Cu 元素含量分别高 25.2%，植物株高分别减小 66.0%。退化较封育草地植物中矿物元素具有蓄积性，而相应植物的株高却在降低。烂泥湾的赖草在退化、封育草地中 Sr 分别为 99.62mg/kg、74.82mg/kg，Li 分别为 7.107mg/kg、7.040mg/kg，而植物株高分别为 28cm、39cm，退化草地较封育草地中锶、锂元素分别增加 33.15%、0.95%，植物株高减小了 39.3%。即退化较封育草地植物中钠、锶、锂元素含量高，而植物株高却在减小。烂泥湾退化草地、封育草地植物中钠元素与植物株高之间相关系数分别为 −0.3175、−0.3194（表 4-3）。即草地植物中钠、锶、锂元素含量与植物株高之间具有负相关关系。提示：退化草地较封育草地植物中矿物元素具有蓄积性，且草地植物中矿物元素含量与植物株高之间具有负相关性。

(4) 封育草地中重金属元素具有蓄积性

同类型封育草地较退化草地植被和土壤中的重金属元素 Pb 含量高，即封育草地植被和土壤中铅元素具有蓄积性，且不同类型植被中 Pb 含量与植被的平均株高具有正相关性（表 4-10）。同一样地不同种植物中 Pb 含量却与植物株高具有负相关性（表 4-11）。

河边滩地、那仁火车站、烂泥湾三样地封育较退化草地植被中铅元素分别增加 30.9%、25.8%、4.9%，土壤中分别增加 49.1%、5.2%、53.2%，而植被的平均株高则分别增加 99.2%、13.7%、30.2%，即同类型草地中植被的平均株高与 Pb 含量之间具有正相关性。三样地中以那仁车站草地植被和土壤中 Pb 含量为最高，可能与其特殊地理位置以及人类活动的干扰有关。有趣的是河边滩地封育草地较退化草地植物株高增加最为显著，相应植被和土壤中铅的蓄积增加也显著，而那仁火车站封育草地较退化草地植物株高增加不显著，相应植被中铅的蓄积增加次之，土壤中则不显著。

那仁火车站退化草地不同种植物中铅元素与植物株高之间相关系数分别为−0.7973，即同一样地不同种植物中 Pb 含量却与植物株高具有负相关性。各类型草地中以委陵菜、多枝黄芪、西伯利亚蓼等伴生种植物中 Pb 含量为高，这些植物多具匍匐状根茎，多为椭圆状小叶且被柔毛等生物学特征。

表 4-10 青海湖北岸草地植被和土壤中铅元素含量

样地名称	退化草地			封育草地		
	植被 Pb /(mg/kg)	株高 /cm	土壤 Pb /(mg/kg)	植被 Pb /(mg/kg)	株高 /cm	土壤 Pb /(mg/kg)
河边滩地	3.915±2.726a	10.52±11.92a	17.61a	5.124±8.597b	20.96±14.57b	26.26b
那仁火车站	6.180±2.662a	35.53±20.03a	35.32	7.777±5.555b	40.39±32.55b	37.15
烂泥湾	7.093±1.448a	13.30±16.27a	21.27a	7.443±2.874b	17.31±16.20b	32.59b

注：a、b 代表同一元素同一种植物在退化与封育草地之间的显著性差异，$p < 0.05$。

表 4-11 青海湖北岸那仁火车站典型植物中铅元素含量与株高

类型	植物名称	Pb/(mg/kg)	株高/cm
退化草地	短穗兔耳草	9.422	6
	委陵菜	7.189a	7
	海乳草	9.865	10
	马蔺	4.803	18
	披针叶黄华	5.316a	19
	星星草	3.601	46
	赖草	5.281a	53a
	芨芨草	1.986a	105a
	与元素质量分数相关性	−0.7973	
封育草地	委陵菜	7.719a	6
	多枝黄芪	14.80	10
	披针叶黄华	4.980b	18
	星星草	3.663	55
	赖草	5.126b	70b
	芨芨草	2.841b	120b
	与元素质量分数相关性	−0.6536	

注：a、b 代表同一元素同一种植物在退化与封育草地之间的显著性差异，$p < 0.05$。

青藏高原退化草地的植被类型和种群分布格局，草地土壤结构和土壤理化性质、水土流失等发生严重改变。采取围栏封育措施后对于改变群落环境条件，提高草原群落的盖度和草地生产力等具有显著效果。青海湖北岸各类型样地的封育草地较退化草地植物株高和地上生物量等明显增加而土壤容重减小。青海湖北岸实施围栏封育措施后，封育草地较退化草地的群落环境条件大为改变，由于封育草地植物株高和地上生物量的明显增加，封育草地土壤的结构和理化性质发生了极大改变，土壤容重降低，则草地土壤中水分的蒸发量降低，而土壤的持水能力却明显增强，土壤环境中水分的增加改变，相应改善了封育草地植物从土壤环境中摄取必须矿物元素的能力。又因为矿物元素的生物地球化学循环作用，长期围栏封育草地土壤中矿物元素明显增加保证了相应草地植物中矿物元素的供给，致使封育草地较退化草地生产力显著提高。矿物元素是植物生长发育所必需的营养成分之一，在草地植物中作用机制相同。可见，青海湖北岸退化草地较封育草地植物中矿物元素具有蓄积性，且与植物株高和地上生物量等具有负相关性，其实是封育草地较退化草地植物中矿物元素的绝对量（生物量×元素含量）增加，而退化草地植物中矿物元素具有蓄积性仅仅是含量在增加，即退化草地由于植物生长发育迟缓而使矿物元素浓缩富集，其矿物元素营养的绝对量小于封育草地植物。如：河边滩地样地退化草地与封育草地每平方米的样方植物中 Cu 的绝对量分别为 1.606mg 和 1.892mg，烂泥湾样地退化草地与封育草地每平方米的样方植物中 Cu 的绝对量分别为 1.096mg 和 1.560mg，显然，封育草地植物中 Cu 营养的绝对量高于退化草地。因此，矿物元素含量在退化草地植物中具有蓄积性，而矿物元素绝对量（生物量×元素含量）与植物株高和地上生物量等具有正相关性，说明矿物元素也是草地植物生长发育所必需的营养之一[66,67]。

　　封育与退化草地的同一种植物中铅元素与株高之间的正相关性，提示：草地植物中铅元素更多地源于植物地上部分周围的大气环境，同一种植物株高与地上生物量正相关，则株高与该植物周围环境的接触面之间正相关，即草地植物中铅元素源于该植物周围的大气环境，封育草地植物高的株高和地上生物量使该植物从大气环境中摄取较多的铅元素并蓄积其中，这可能是封育草地中铅元素具有蓄积性的重要原因之一。而不同种植物中铅元素与株高负相关，提示：草地植物中铅元素部分源于土壤环境，株高较小且具匍匐状根茎的植物，由于生长特性使其从土壤环境中得到更多的矿质营养，同时也能在铅元素蓄积的土壤中摄取到更多的并非需要的铅元素，并蓄积于植物体内[144~151]，这也是封育草地中铅元素具有蓄积性的原因之一。退化草地较封育草地植物更容易受到践踏等外界因素的干扰，致使封育草地中铅元素积累时间相对延长也可能是导致铅元素蓄积的成因之一。

　　退化草地实施长期的围栏封育措施后，由于植物群落结构、植被类型以及土壤结构等生态环境发生了很大改变，相应草地上植物生长发育所必需的矿物元素营养也将会发生改变，从而表现出退化草地与封育草地植物和土壤中矿物元素含量的差异性以及植物株高和地上生物量的变化是必然的，即在青海湖北岸各类型退化草地与封育草地的植物和土壤中矿物元素具有明显的差异性，是草地中矿物元素营养对于草地植物种群结构等演替变化及时响应的结果，可以说，草地植物和土壤中矿物元素对于草地生态系统的演替变化是极其敏感的，草地生态系统中矿物元素是草地生态系统演替变化的响应。

退化草地植物中矿物元素的蓄积增加主要还是由于全球气候变化和人类活动干扰的综合影响，由于植物生长发育受到干扰而影响了植物对矿物元素营养的需求，导致退化草地植物中矿物元素营养的蓄积增加。也可以说，在全球气候变化和人类活动干扰的综合影响下，由于植物所必需的矿物元素营养供给受到干扰进而影响了植物的生长发育，最终导致退化草地植物中矿物元素的蓄积。总之，退化草地植物中矿物元素的蓄积既是草地退化的结果，也是草地退化的原因之一。一方面草地退化导致了草地植物中矿物元素营养的蓄积增加，同时，退化草地植物中矿物元素营养的蓄积又引起退化草地的再退化，相互作用，相互影响，导致退化草地的退化速度加快，显现出当前退化草地生态系统"加速度"退化的尴尬景象。

青海湖北岸天然牧草在生长期内地下生物量的积累远远大于地上生物量的积累，在生物总量中，地下部分占90%以上，其中0～10cm占65%。退化草地土壤中矿物元素具有蓄积增加的趋势，既是草地退化的环境效应，又是退化草地再退化，换句话说是退化草地"加速"退化的原因。退化草地上的植物与土壤中矿物元素营养蓄积特征相同，这与当某一种元素在土壤中含量较多时会在植物体内较多地积累的研究结果一致，即退化草地土壤中矿物元素的蓄积与其植物中矿物元素营养的需求正相关。结果表明，退化草地上植物中矿物元素营养的蓄积变化引起土壤中矿物元素营养的改变，进而导致土壤退化。

4.4 结论

青海湖北岸天然草地植物具有因种而异的矿物元素特征谱特征，即草地植物中矿物元素具有植物种的特异性，草地植物矿物元素特征谱具有表征植物唯一性的指纹图谱性特征。

天然草地植物中矿物元素分布具有垂直带状谱特征，随着海拔增加而增加的趋势。

天然草地植物中矿物元素与株高之间负相关，退化草地植物中矿物元素具有蓄积分异性。

　　天然草地中个别植物种对某一矿物元素非常敏感，即个别植物对某一矿物元素极易富集，具有草地植物的指示性特征。

　　退化草地较封育草地植物中矿物元素具有蓄积性。

　　封育草地较退化草地植被和土壤中铅元素具有蓄积性，且与植被的平均株高具有正相关性，同一样地不同种植物中铅元素与植物株高具有负相关性。

　　退化和封育草地土壤中矿物元素与土壤容重之间具有负相关性。

5 | 草地矿物元素分布格局

5.1 问题的提出

天然草地植物中矿物元素特征复杂多样，其中矿物元素的分布与草地类型及其各类型草地的空间位置密切相关，还与草地生态系统演替进程（封育草地恢复演替时间）相关，分析草地植物中矿物元素的空间和时间分布格局，有助于草地生态系统中草-地界面间矿物元素作用机理研究，以及草地演替进程中矿物元素蓄积分异行为的动力学机理研究。青海湖北岸草地矿物元素的空间分布格局？各类型草地在封育恢复演替进程中矿物元素的时间分布格局？

5.2 材料与方法

见 4.2。

5.3 结果与讨论

5.3.1 空间分布格局

(1) 南北向草地矿物元素分布格局

青海湖北岸自南至北草地类型依次为河边滩地（垂穗披碱草型高寒草甸）、那仁火车站（芨芨草型温性干草原）、烂泥湾（紫花针茅型高寒山地干草原）、北山加洋沟山顶（小嵩草草甸），草地植被和土壤中矿物元素含量随着草地类型的变化而变化（表 5-1，表 5-2），表现出自南至北随着海拔高度的增加，植被和土壤中矿物元素也增加的变化趋势（图 5-1～图 5-4）。自南至北的河边滩地、那仁车站、烂泥湾和加洋沟，随着海拔 3209m、3216m、3291m、3462 m 的增加，封育草地植被中 Cu 元素含量依次为 6.127mg/kg、7.868mg/kg、7.275mg/kg、9.319mg/kg，草地植被中矿物元素含量与海拔之间具有正相关性，即青海湖北岸草地中矿物元素类似于草地植被的垂直带状谱分布，具有随着海拔高度增加而增加的空间分布格局，即具有与地形地貌一致的空间分布格局。

表 5-1　青海湖北岸各试验样地草地植被中矿物元素含量（$M \pm S$）　单位：mg/kg

样地名称		P	Cu	Pb	海拔/m
河边滩地	退化草地	86.17±41.71a	7.670±4.836a	3.915±2.726a	3209
	封育草地	97.89±46.94b	6.127±4.622b	5.125±3.597b	
那仁车站	退化草地	118.7±55.54a	9.160±5.483a	6.180±2.662a	3216
	封育草地	107.7±58.94b	7.868±4.648b	7.777±5.556b	
烂泥湾	退化草地	125.4±67.05a	10.48±5.046 a	7.093±1.448a	3291
	封育草地	112.5±49.61b	7.275±4.662 b	7.443±2.874b	
加洋沟	退化草地	92.45±44.86a	8.262±4.303a	11.31±1.657a	3462
	封育草地	81.82±32.72b	9.319±6.515b	8.262±4.644b	

注：a、b 代表同一元素同一种植物在退化与封育草地之间的显著性差异，$p < 0.05$。

表 5-2　青海湖北岸各试验样地土壤中矿物元素含量　单位：mg/kg

样地名称	K		Cu		Pb		海拔/m
	退化	封育	退化	封育	退化	封育	
河边滩地	13265	13513	20.84a	18.76b	17.61a	26.26b	3209
那仁火车站	14507a	15709b	21.13a	23.15b	35.32a	37.15b	3216
烂泥湾	16522	16264	13.99a	24.19b	21.27a	32.59b	3291
加洋沟	13980a	14522b	21.47a	20.97b	29.19a	25.03b	3462

注：a、b 代表同一元素同一种植物在退化与封育草地之间的显著性差异，$p < 0.05$。

对比各类型草地中同一植物中同一矿物元素，海拔略高的北样地较海拔略低的南样地同一植物中矿物元素含量高，如：烂泥湾和那仁车站封育草地芨芨草中 Fe、Ca 元素含量分别由 366.6mg/kg 增加到 514.9mg/kg、1760mg/kg 增加到 2174mg/kg，海拔由 3216 m 增加到 3291 m；那仁车站和河边滩地退化草地星星草中 Cu、Zn 分别由 2.672mg/kg 增加到 4.654mg/kg、65.72mg/kg 增加到 95.55mg/kg，海拔由 3209 m 增加到 3216 m，随着自南至北海拔高度的增加，相邻不同类型草地同一植物中同一元素含量在增加（表 5-3），即青海湖北岸草地典型植物中矿物元素具有自南至北随着海拔高度的增加而增加的空间分布格局。同一草地类型的退化草地较封育草地植被中矿物元素蓄积具有降低的分布格局。河边滩地、那仁火车站、烂泥湾三样地自南至北退化草地植被较封育草地植被中 Cu、Zn、Fe、Mn 含量高的分别为含量高分别为 75.0%、64.3%、56.3%，即随着海拔高度的增加，同一草地类型的退化草地较封育草地植被中矿物元素的蓄积具有逐渐减小的空间分布格局。

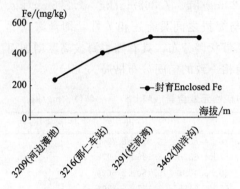

图 5-1　青海湖北岸封育草地中
Fe 元素空间分布

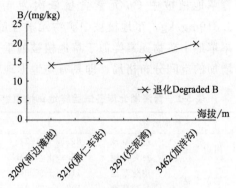

图 5-2　青海湖北岸退化草地
中 B 元素空间分布

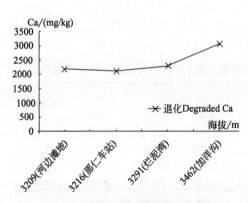

图 5-3　青海湖北岸退化草地中
Ca 元素空间分布

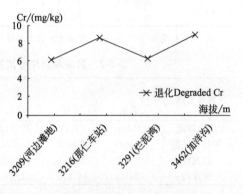

图 5-4　青海湖北岸退化草地中
Cr 元素空间分布

表 5-3　青海湖北岸退化草地与封育草地中同一植物中矿物元素含量　单位：mg/kg

植物名称	样地名称	草地类型	Fe	Cu	Zn	Ca	Sr
芨芨草	那仁车站	封育	366.6	0.908	29.61	1760	25.33
	烂泥湾	封育	514.9	3.891	30.44	2174	93.04
星星草	河边滩地	退化	577.0a	2.672a	65.72a	2092a	40.76a
		封育	99.80b	2.184b	22.95b	1378b	11.69b
	那仁车站	退化	369.9a	4.654a	95.55a	1930	58.96a
		封育	486.6b	4.126b	58.38b	2002	52.69b
赖草	那仁车站	退化	656.5a	5.825a	67.04a	2291	77.13a
		封育	539.0b	7.889b	40.01b	2300	154.6b
	烂泥湾	退化	453.9a	5.617a	55.58a	2153a	99.62a
		封育	395.5b	2.483b	43.20b	1968b	74.82b

植物名称	样地名称	草地类型	Fe	Cu	Zn	Ca	Sr
委陵菜	河边滩地	退化	699.8a	11.20a	65.89a	2359a	145.6a
		封育	328.9b	8.947b	104.6b	2449b	205.4b
	烂泥湾	退化	332.7a	12.72a	54.07a	1855a	179.8a
		封育	636.4b	11.82b	84.17b	2409b	286.9b

注：a、b 代表同一元素同一种植物在退化与封育草地之间的显著性差异，$p<0.05$。

河边滩地和那仁火车站封育草地星星草中钠元素含量分别为 719.9mg/kg、487.4mg/kg，河边滩地和烂泥湾退化草地委陵菜中钠元素含量分别为 427.1mg/kg、244.6mg/kg，那仁火车站和烂泥湾封育草地芨芨草中钠元素含量分别为 351.6mg/kg、152.8mg/kg，随着海拔高度增加，同一植物种中钠元素含量显著降低。河边滩地和那仁火车站退化草地星星草中锶元素含量分别为 40.76mg/kg、58.96mg/kg，那仁火车站和烂泥湾退化草地赖草中锶元素含量分别为 77.13mg/kg、99.62mg/kg；河边滩地和烂泥湾封育草地披针叶黄华中锂元素含量分别为 5.444mg/kg、6.941mg/kg，那仁火车站和烂泥湾芨芨草中锂元素含量分别为 5.876mg/kg、6.811mg/kg，随着海拔高度增加，同一植物中锶、锂元素含量逐渐增大。青海湖北岸各类型草地植物中矿物元素与样地地理位置和海拔高度相关，自南向北随着海拔高度的逐渐增加，同一植物中钠元素含量显著降低，而锶、锂元素含量却在增大，并与钠元素含量之间具有负相关性。

各样地同一种典型植物中钾、钙、镁元素含量随着海拔高度增加而降低，而磷元素含量却在逐渐增加；且退化草地与封育草地植物中同一矿物元素之间含量差异减小，如河边滩地、那仁火车站的星星草（Puccinellia tenuiflora）和委陵菜（Potetilla anserine）。但也有植物随着海拔高度的逐渐增加矿物元素含量逐渐增加，且退化草地较封育草地植物中同一矿物元素含量增大，如那仁火车站、烂泥湾的披针叶黄华（Thermopsis lanceoiata）。即各类型草地植物吸取更多的矿物元素营养以适应各自的生境并更好地生长发育，如披针叶黄华更适应于海拔相对较高的退化草地。

退化草地与封育草地土壤中矿物元素含量具有明显的差异，表现出各类型草地土壤（0～10cm）中矿物元素具有随着海拔高度的梯度增加而增加空间分布格局。退化草地和封育草地土壤中 Na、Sr、Li 元素含量都在增加，而退化草地土壤（0～10cm）中矿物质元素营养蓄积具有趋于逐渐增大的空间分布格局。河边滩地、那仁火车站、烂泥湾等三样地退化草地较封育草地土壤（0～10cm）中矿物元素 Na、Sr、Li 含量高的分别为 33.3%、100.0%、66.7%，即随着海拔高度的梯度增加，同一草地类型的退化草地较封育草地土壤（0～10cm）中矿物质元素营养蓄积增加具有逐渐增大的空间分布格局。

（2）南北向草地中重金属元素的空间分布格局

青海湖北岸自南至北随着海拔高度的梯度增加，退化草地较封育草地植被中重金属元素的降低具有逐渐增加的空间分布格局。三样地退化草地较封育草地植被中重金属元素（Pb、Cd）含量低的约 66.7%。即同一草地类型的退化草地较封育草地植被中重金属元素具有降低的分布格局。自南至北的河边滩地、那仁火车站、烂泥湾三样地随着海拔高度的梯度增加，退化草地较封育草地植被中重金属元素（Pb、Cd）含量的降低具有逐渐减小的空间分布格局；且表现出 Pb、Cd 元素之间具有拮抗性，即退化草地中 Pb 低则 Cd 高，封育草地中 Pb 高则 Cd 低的空间分布格局；同时随着海拔高度的梯度增加和植被类型的垂直变化，退化草地和封育草地植被中 Pb 元素含量逐渐增大的空间分布格局。烂泥湾退化草地较封育草地典型植物中 Pb、Cd 元素含量低（占 75.0%），其中 Pb 元素含量低（占 50.0%），Cd 元素含量低（占 100.0%），平均为 56.7%。即青海湖北岸自南至北的河边滩地、那仁火车站、烂泥湾三样地随着海拔高度的梯度增加，退化草地较封育草地典型植物中重金属元素（Pb、Cd）的降低具有逐渐增加的空间分布格局。

退化草地土壤（0~10cm）中重金属元素具有随着海拔高度的梯度增加，退化草地土壤（0~10cm）中重金属元素降低具有减小的空间分布格局。河边滩地、那仁火车站、烂泥湾三样地随着海拔高度增加，退化草地较封育草地土壤中重金属元素（Pb、Cd）含量的降低具有逐渐增加的空间分布格局；且表现出 Pb、Cd 元素之间具有拮抗性，即退化草地中 Pb 低则 Cd 高的空间分布格局；同时随着海拔高度的梯度增加，退化草地和封育草地土壤中 Pb 元素含量逐渐增大的空间分布格局。

（3）东西向人工草地中矿物元素分布格局

青海湖北岸自东至西依次是铁路边坡、三角城种羊场和县城西等人工种植的封育样地，但各样地草地中矿物元素的分布也具有随着样地地理位置的不同而不同的变化，表现出自东至西随着海拔高度的增加而增加的变化趋势，具有与地形地貌相一致的空间分布格局。三样地都种植有垂穗披碱草，自东向西铁路边坡、三角城羊场、县城西的海拔分别为 3216m、3220m、3287m，各样地垂穗披碱草中 Zn 元素含量分别为 30.07mg/kg、37.96mg/kg、42.01mg/kg，垂穗披碱草中 Al 元素含量同样自东至西随着海拔的增加而增加（表 5-4，图 5-5，图 5-6），同一种植物中矿物元素随着海拔高度的增加而增加，即青海湖北岸草地中矿物元素具有自东至西随着海拔高度的增加而增加的空间分布格局，即草地矿物元素具有与地形地貌相一致的空间分布格局。

表 5-4 青海湖北岸人工草地中同一植物中矿物元素含量

植物名称	样地名称	Cu/(mg/kg)	Zn/(mg/kg)	Fe/(mg/kg)	Ca/(mg/kg)	Li/(mg/kg)	Pb/(mg/kg)	海拔/m
垂穗披碱草	铁路边坡	3.480a	30.07a	202.2a	466.4a	5.008a	1.267a	3216
	三角城羊场	4.251b	37.96b	316.8b	1471b	6.689b	2.938b	3230
	县城西	3.483	42.01c	313.4	1651c	8.037c	2.914	3287
披碱草	铁路边坡	2.353a	18.58a	91.97a	244.1a	4.433a	0.6420a	3216
	三角城羊场	2.620b	37.31b	317.9b	1737b	5.849b	2.583b	3230
草地早熟禾	三角城羊场	4.251a	37.96a	316.8a	1619a	5.541a	2.018a	3230
	县城西	4.973b	47.35b	422.3b	1888b	193.1b	3.515b	3287

注：a、b 和 c 代表同一元素同一种植物在不同样地之间的显著性差异，$p < 0.05$。

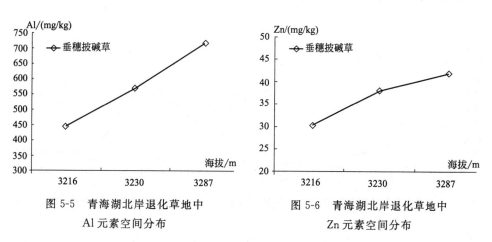

图 5-5 青海湖北岸退化草地中
Al 元素空间分布

图 5-6 青海湖北岸退化草地中
Zn 元素空间分布

（4）上果洛秀村局部草地中矿物元素空间分布格局

上果洛藏秀麻村位于三角城种羊场东 15 km，是青海湖北岸具有植被垂直带状谱的典型样地，围栏封育（1980 年封育）有弃耕地（原生植被为芨芨草型草原）、温性干草原类芨芨草型草原、高寒山地干草原类紫花针茅型草原和高寒草甸类矮嵩草型草甸等，各类型草地中植被盖度分别为 51.9%、46.9%、58.9%、63.7%，各样地海拔分别为 3268m、3271m、3280m、3296m，各封育植被中 Mg 元素含量依次为 2107mg/kg、1914mg/kg、1721mg/kg、1499mg/kg，随着海拔高度的增加植被中矿物元素含量在减小。局域样地内各类型草地中矿物元素具有随着海拔增加而减小的空间分布格局（表 5-5，图 5-7，图 5-8），但个别元素却具有相反的空间分布格局，如各类型草地植被中 Zn、K 等矿物元素含量却随着海拔增加而增加（图 5-9，图 5-10），可能与草地植物中矿物元素之间的相互拮抗作用有关，也可能与局域样地的小范围内植物种群的分布有关，如高寒草甸中生长有芨芨草，局部小气候的垂直变化还不明显。

表 5-5　青海湖北岸上果洛藏秀麻村各类型草地中矿物元素含量

草地类型	Cu /(mg/kg)	Zn /(mg/kg)	Mg /(mg/kg)	Ca /(mg/kg)	Li /(mg/kg)	Pb /(mg/kg)	海拔 /m
弃耕地	9.257± 6.555a	55.38± 15.28a	2107± 609.6a	2239± 272.1a	6.298± 1.090a	6.384± 1.789a	3268
温性干草原	7.539± 3.934b	49.72± 14.12b	1914± 645.5b	2185± 146.5b	5.920± 0.4724b	6.878± 1.834	3271
高寒山地干草原	5.122± 1.954c	47.53± 18.01c	1721± 625.7c	2003± 378.7c	5.829± 0.6398c	5.168± 1.882b	3280
高寒草甸	5.780± 3.567	48.48± 19.48	1499± 672.0d	2033± 603.1	5.808± 0.5639d	4.276± 1.560c	3296

注：a、b、c 和 d 代表同一元素同一种植物在不同样地之间的显著性差异，$p < 0.05$。

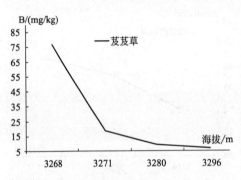

图 5-7　上果洛秀各类型草地中 B 空间分布

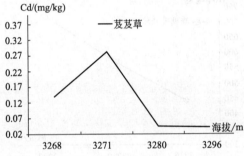

图 5-8　上果洛秀各类型草地中 Cd 空间分布

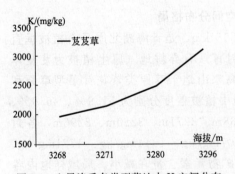

图 5-9　上果洛秀各类型草地中 K 空间分布

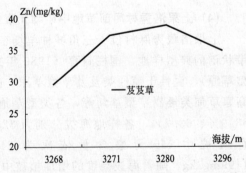

图 5-10　上果洛秀各类型草地中 Zn 空间分布

　　青海湖北岸自南向北、自东向西各类型草地中矿物元素均具有随海拔增加而增加的变化趋势，即青海湖北岸草地矿物元素随海拔增加而增加的空间分布格局与该研究区域内地形地貌相一致，刚察县地处祁连山系大通山脉中段，北部高山绵延，南部较低缓，形成由西北向东南倾斜的梯形地势（图 2-1）。青海湖北岸草地矿物元素的空间分布格局与区内地势一致，可能与区域地质特征、区域内地质构造活动以及和地球化学背景等有关，各类型草地植物与其生长环境相适宜，长期的适应进化形成了各类型草地独特的矿物元素特征谱，进而形成了与地形相一致的草地矿物元素的空间分布格局。其次，区内气候为典型的高原大陆性气候，寒冷干燥多风，干湿分明。地区差异大，垂直变化明显。降水少而集中，蒸发强烈。区内典型的垂直变化明显的气候特征，可能也是形成草地矿物元素特征谱，以及草地矿物元素空间分布格局的成因之一。再次，由于青海湖北岸草地矿物元素特征，天然草地植物中矿物元素含量与株高之间具有负相关性。因此，青海湖北岸草地矿物元素空间分布格局的成因是：在区域地质背景相同的条件下，由于区内气候明显的垂直变化，形成草地植被的生长具有垂直带状谱特征，即海拔低处较高处相对充足的水分、太阳辐射和温度的有利的气候条件下，植物长势以及生长期相对优越，进而形成了草地植物株高和地上生物量也随着海拔高度的增加而减小的空间分布格局，又因为草地植物具有矿物元素与株高负相关的特征，则草地植物中矿物元素的空间分布格局的形成是必然的，即青海湖北岸自南向北、自东向西各类型草地中矿物元素具有随海拔增加而增加的空间分布格局。

青海湖区植被微量元素自然背景值随植被类型的垂直变化而变化，即随着植被类型从沼泽植被、温性植被到高寒植被的垂直变化，植被微量元素自然背景值依次增大，也就是说区内植被微量元素自然背景值表现出与植被类型相一致的规律性变化[63~65]。青海湖北岸退化草地植物中矿物元素随着海拔增加而增加的空间分布格局与青海湖区植被微量元素自然背景值的变化具有一致性。草地植物的矿物元素特征谱表明：各类型草地具有指纹图谱性特征的矿物元素特征谱，青海湖北岸草地植被具有垂直带状谱分布特征，则青海湖北岸各类型草地必然具有与海拔相关的矿物元素空间分布格局。

退化草地植物中矿物元素营养蓄积随着海拔高度的梯度增加而增大的空间分布格局可能与对照样地（封育草地）的植被盖度有关。青海湖北岸自南至北的河边滩地、那仁火车站、烂泥湾三样地随着海拔高度的梯度增加，封育草地的植被盖度分别为95%、45%、55%，而退化草地较封育草地植被中矿物元素 Na、Sr、Li 含量高的分别占33.3%、66.7%、100%。即在对照样地植被盖度相同的条件下，退化草地植被中矿物质元素的空间分布格局可能会发生变化。青海湖北岸海拔高处较低处的草地退化更为严重，海拔低处相对于海拔高处的退化草地实施围栏封育恢复的效果显著，因为海拔低处较高处的自然环境更有利于大多数植物的生长发育，海拔高处相对恶劣的脆弱生境条件下对退化草地植物实施封育恢复的效果不及海拔低处，自然恢复的难度更大。因此，对于海拔高处的高寒类型草地，必须加大天然草场的保护力度，严禁超载过牧等人类活动的干扰和破坏，确保高寒草地生态系统的健康。

青海湖北岸天然牧草在生长期内地下生物量的积累远远大于地上生物量的

积累，在生物总量中，地下部分占 90％ 以上，其中 0~10cm 占 65％[16]。退化草地土壤中矿物元素具有蓄积增加的趋势，既是草地退化的环境效应，又是退化草地再退化，换句话说是退化草地"加速"退化的原因[66,67]。退化草地上的植物与土壤中矿物元素营养蓄积特征相同，这与当某一种元素在土壤中含量较多时会在植物体内较多地积累[53,54]的研究结果一致，即退化草地土壤中矿物元素的蓄积与其植物中矿物元素营养的需求正相关。结果表明，退化草地植物中矿物元素的蓄积引起土壤中矿物元素的改变，进而导致草地土壤的退化。

三样地退化草地和封育草地植被和土壤中重金属元素 Pb、Cd 具有相同的空间分布格局，其中那仁火车站样地的土壤和植被中 Pb 元素含量居首，可能与人类活动的干扰有关。鲁春霞等认为：已运营铁路段的土壤铅和汞含量显著高于土壤背景值，而且普遍高于正在修建铁路段的含量值。由此推断，铁路运营使铁路两侧产生了一定程度的重金属铅污染，二者研究结论一致。青海湖北岸天然牧草在生长期内地下生物量的积累远远大于地上生物量的积累，在生物总量中，地下部分占 90％ 以上，其中 0~10cm 占 65％[120]。退化草地上的植物（全植株）与土壤中具有相同的重金属元素分布格局，即退化草地土壤中重金属元素含量的降低与其植物中重金属元素含量之间正相关。提示：草地植物的退化引起土壤中矿物质营养成分的改变，进而导致土壤退化。

退化草地较封育草地植物和土壤中重金属元素具有降低的分布格局，这是草地植物在退化演替进程中由于生长发育所必需的矿物质营养不能满足其需要，进而影响了植物的正常生长发育，植物体吸收非必需重金属元素的能力也会下降，随着时间的推移，退化草地较封育草地植物体内的重金属元素含量降低，同时，退化草地较封育草地植物更容易受到践踏等外界因素的干扰，致使植物体内重金属元素积累的时间可能缩短，也是重金属因素分布格局的成因之一。其次，重金属元素空间分布格局的形成可能与多年生植物的种类增加，以及植物生长期略有减少等有关。

退化草地实施长期的围栏封育措施后，由于植物群落结构、植被类型以及土壤结构等生态环境发生了很大改变，相应草地上植物生长发育所必需的矿物元素营养也将会发生改变，表现在退化草地与封育草地植物和土壤中矿物元素含量具有的差异性，以及植物株高和地上生物量的变化，即在青海湖北岸各类型草地中矿物元素的空间分布格局的形成，是草地中矿物元素营养对于草地植物种群结构等演替变化及时响应的结果，可以说，草地植物和土壤中矿物元素对于草地生态系统的演替变化是极其敏感的，草地生态系统中矿物元素是草地生态系统演替变化的响应。

5.3.2　时间分布格局

那仁车站、三角城羊场样地分别是温性干草原类芨芨草型草原、高寒山地干草原类紫花针茅型草原，分别有不同封育期的围栏封育草地，以各地退化地为对照，则各样地在不同封育时间条件下草地矿物元素具有随着封育时间的增加而降低的时间分布格局。那仁车站 5 年和 20 年封育期草地植被中矿物元素 Zn 分别为 77.01mg/kg、55.46mg/kg，B 分别为 19.12mg/kg、15.29mg/kg，土壤中矿物元素 Zn 分别为 419.0mg/kg、431.4mg/kg，K 分别为 14445mg/kg、15709mg/kg，随着草地封育期的增加，植被中矿物元素含量趋于降低，而草地土壤中矿物元素含量趋于增加（表 5-6，表 5-7）。封育草地中矿物元素的变化是草地封育时间的响应，草地生态系统的演替进程中伴随着草地中矿物元素的动态变化，即草地矿物元素具有随封育时间的增加而降低的时间分布格局。

三角城羊场东侧 2 年和 25 年封育期草地植被中矿物元素 Zn 分别为 43.78mg/kg、43.27mg/kg，K 分别为 3451mg/kg、3284mg/kg，草地植被中矿物元素含量趋于降低，草地矿物元素具有随封育时间的增加而降低的时间分布格局。与那仁车站样地相比较，三角城羊场样地不同封育期的草地矿物元素含量变化较小，即草地矿物元素对封育时间比较敏感，封育 5 年较 2 年期草地矿物元素变化大，可能与封育期内植物群落的演替密切相关，即草地矿物元素对封育期应该有一个最佳响应，在自然状态下，天然草地中矿物元素的极值期可能是该草地正、逆向演替的最优期，也是正、逆向演替的分水岭。

表 5-6　青海湖北岸各封育草地植被中矿物元素含量　　单位：mg/kg

样地	时间	Zn	K	Ca	Na	B	Pb
那仁车站	退化（对照）	72.80±28.46a	2714±150.1a	2126±146.9a	370.4±116.1a	15.48±4.713a	6.180±2.662a
	封育（2005 年封）	77.01±34.21b	2648±332.2b	2257±213.3b	379.5±162.0	19.12±5.686b	11.19±10.72b
	封育（1989 年封）	55.46±21.30b	2756±326.0	2236±204.3b	324.9±136.7b	15.29±4.196	7.777±5.555
三角城羊场	封育（2008 年封）	43.78±12.86	3451±704.5a	2256±319.1	212.8±137.3a	15.31±2.951a	5.409±2.463a
	封育（1985 年封）	43.27±16.11	3284±429.3b	2255±181.3	231.6±94.33b	15.89±3.077b	8.753±6.980b

注：a、b 代表同一元素同一样地在退化与封育草地之间的显著性差异，$p < 0.05$。

表 5-7　青海湖北岸那仁车站各样地土壤中矿物元素含量　　单位：mg/kg

时间	Zn	K	Ca	Na	Se	Pb
退化（对照）	101.0a	14507a	29277a	406.7a	0.6981a	35.32a
封育（2005 年封）	419.0b	14445	33986b	271.6b	0.6722b	24.75b
封育（1989 年封）	431.4c	15709b	19465c	142.6c	0.6422c	37.15c

注：a、b 和 c 代表同一元素在退化与封育土壤之间的显著性差异，$p < 0.05$。

那仁车站不同封育期的同一植物中矿物元素也具有随封育时间的增加而降低

的时间分布格局。芨芨草、星星草和马蔺等封育期 5 年较 20 年的矿物元素含量高，随着封育期的增加，草地植物中矿物元素含量趋于减小（图 5-11～图 5-14），可见草地植物中矿物元素对于草地封育时间极为敏感，且有一个最佳响应值。三角城羊场 2 年和 25 年封育期异叶青兰、委陵菜、密花棘豆等伴生种植物中矿物元素具有随封育时间的增加而降低的时间分布格局，即 2 年封育期较 25 年封育期同一植物中矿物元素含量高；而优势种植物如紫花针茅、赖草、草地早熟禾等同一植物中矿物元素对于时间的响应特征不明显，甚者相反之，可见，草地矿物元素对草地封育期是有一个最佳响应，可能封育 2 年期群落演替尚不明显，即封育 2 年期的草地植物还在群落的自然演替中而未表现出草地恢复与修复的明显效果。

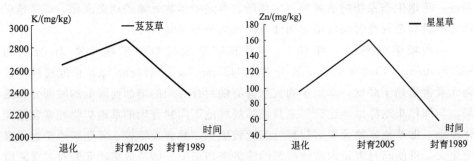

图 5-11 那仁车站封育草地中 K 的时间分布　图 5-12 那仁车站封育草地中 Zn 的时间分布

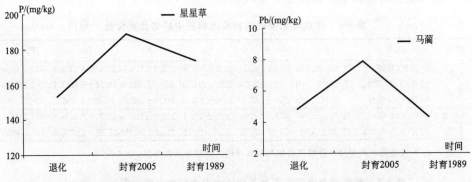

图 5-13 那仁车站封育草地中 P 的时间分布　图 5-14 那仁车站封育草地中 Pb 的时间分布

青海湖北岸草地植物中矿物元素的时间分布格局，反映了草地植物群落演替进程，草地封育初期植物株高、地上生物量等群落特征明显，而群落植物中矿物元素的变化不明显，草地中矿物元素对于封育时间有一个响应过程，可能是一个滞后期。天然草地在人类活动影响下发生自然演替时，其中矿物元素的变化是一个蓄积分异过程，在有利环境条件下草地群落正向演替时矿物元素先蓄积再分异，而在不利环境条件下逆向演替时矿物元素可能是持续性蓄积直至耐受极限而崩溃。通过草地演替进程中矿物元素动态变化的监测与分析，了解草地生态系统的自然演替和安全与健康，为草地生态系统的科学化管理与决策提供科学的理论依据与技术支撑。

5.4 结论

青海湖北岸自南向北、自东向西各类型草地植物中矿物元素均具有随海拔增加而增加的空间分布格局，即具有与地形地貌相一致的空间分布格局。

青海湖北岸封育草地植物中矿物元素具有随封育时间的增加而降低的时间分布格局，草地矿物元素是草地生态系统演替进程的表征和响应。

6 | 草地矿物元素蓄积分异行为

6.1 问题的提出

天然草地植物中矿物元素具有与地形地貌相一致的空间分布格局，而封育草地中矿物元素具有随着封育时间增加而减小的时间分布格局。天然草地在全球气候变化和人类活动等影响下，草地生态系统时刻发生着正、逆向演替变化，相应生态系统中植被群落在演替进程中草地矿物元素也在动态变化。青海湖北岸草地退化严重，同时也进行了围栏封育恢复建设工程，各类型草地在退化演替进程中矿物元素的变化趋势？根据天然草地中矿物元素特征，同一类型退化较封育草地植被中矿物元素含量高，退化较封育草地同一植物中矿物元素含量高，即退化草地中矿物元素具有蓄积分异性，那么，天然草地在退化演替进程中矿物元素蓄积分异行为的动力？

实施围栏封育措施能极大提高草地盖度和生产力，然而长期的围栏封育会使群落物种丰富度和多样性降低，植物种群分布格局变化。青海湖北岸草地退化严重，采取围栏封育恢复与修复措施后，各类型草地在恢复演替进程中重金属元素的变化趋势？根据天然草地中矿物元素特征，同一类型封育较退化草地植被中重金属元素含量高，封育较退化草地同一种植物中重金属元素含量高，即封育草地中重金属元素具有蓄积分异性，那么，退化草地在封育恢复演替进程中重金属元素蓄积分异行为的动力？

6.2 材料与方法

见 4.2。

6.3 结果与讨论

6.3.1 植被中矿物元素蓄积分异行为

青海湖北岸各类型退化较封育草地植被中矿物元素含量高，即各样地退化草地植被中矿物元素具有蓄积分异性（表 6-1，图 6-1～图 6-4）。烂泥湾退化、封育草地植被中 Cu 分别为 10.48mg/kg、7.275mg/kg，退化草地较封育草地植被中 Cu 元素含量增加了 44.1%，Sr 分别为 245.3mg/kg、171.5mg/kg，退化草地较封育草地植被中 Sr 元素含量增加了 43.0%，结合天然草地植物中矿物元素与株高具有负相关性特征，烂泥湾退化、封育草地植被平均株高分别为 13.3cm、17.3cm，株高降低了 23.2%。可见，退化草地植被中矿物元素具有明显的蓄积性，天然草地植被在各种生态因子变化的影响下，草地退化即逆向演替进程中植被群落的矿物元素具有蓄积分异性。由天然草地中矿物元素的空间分布格局看，

表 6-1　青海湖北岸各试验样地草地植被中矿物元素含量（M±S）　单位：mg/kg

样地名称		Sr	B	Cu	Cr
河边滩地	退化草地	78.03±48.92a	14.24±4.209	7.670±4.836a	6.127±1.361a
	封育草地	73.96±72.44b	14.40±3.242	6.127±4.622b	5.090±1.008b
那仁车站	退化草地	239.6±161.5a	15.48±4.713a	9.160±5.483a	8.569±1.622a
	封育草地	261.9±184.1b	15.29±4.196a	7.868±4.648b	7.814±1.569b
烂泥湾	退化草地	245.3±115.5a	16.25±2.950a	10.48±5.046a	6.311±1.176a
	封育草地	171.5±96.96b	14.95±3.147b	7.275±4.662b	7.334±1.526b
加洋沟	退化草地	103.9±31.98a	19.84±2.865a	8.262±4.303a	9.026±1.463a
	封育草地	98.49±40.34b	15.70±3.123b	9.319±6.515b	6.723±1.412b

注：a、b 代表同一元素同一样地在退化与封育草地之间的显著性差异，$p < 0.05$。

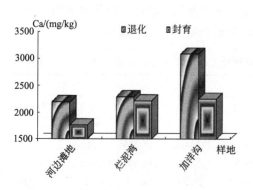

图 6-1　退化草地植被中矿物元素 Ca 蓄积

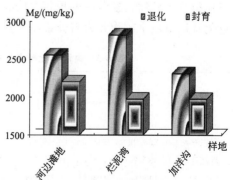

图 6-2　退化草地植被中矿物元素 Mg 蓄积

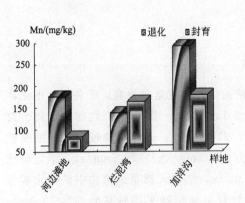

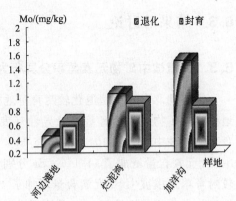

图 6-3 退化草地植被中矿物元素 Mn 蓄积   图 6-4 退化草地植被中矿物元素 Mo 蓄积

各类型退化草地较封育草地植被中矿物元素含量高，即退化草地植被中矿物元素具有蓄积性，并表现出退化草地植被中矿物元素蓄积量随海拔增加而增大的变化趋势，天然草地在退化演替进程中矿物元素有蓄积分异性。

6.3.2 土壤中矿物元素蓄积分异行为

各类型退化较封育草地土壤中矿物元素含量低，即各样地封育草地土壤中矿物元素具有蓄积分异性（表 6-2，图 6-5～图 6-8）。烂泥湾退化、封育草地土壤中 Cu 分别为 13.99mg/kg、24.19mg/kg，封育草地较退化草地土壤中 Cu 元素含量增加了 72.9%，Cr 分别为 156.4mg/kg、194.8mg/kg，封育草地较退化草地土壤中 Cr 元素含量增加了 24.6%，封育草地土壤中矿物元素具有明显的蓄积性，围栏封育草地植被在正向演替进程中土壤矿物元素具有蓄积性，即封育草地土壤中矿物元素具有明显的蓄积分异性。

各样地土壤与植被中矿物元素之间具有负相关性，较低海拔的河边滩地退化草地植被中矿物元素营养蓄积相对较少而土壤中蓄积却较高，海拔高处的烂泥湾退化草地植被中矿物元素营养蓄积相对较多而土壤中蓄积却较低。

表 6-2 青海湖北岸各试验样地土壤中矿物元素含量 单位：mg/kg

样地名称	Sr		Li		Cu		Cr	
	退化	封育	退化	封育	退化	封育	退化	封育
河边滩地	181.9a	205.1b	26.95	27.57	20.84a	18.76b	76.67a	98.49b
那仁车站	333.9a	248.9b	28.71	28.52	21.13a	23.15b	914.9a	408.6b
烂泥湾	187.2a	194.8b	28.27	28.87	13.99a	24.19b	156.4a	194.8b
加洋沟	114.8a	194.9b	27.69a	28.55b	21.47	20.97	1450a	1026b

注：a、b 代表同一元素同一样地在退化与封育草地之间的显著性差异，$p < 0.05$。

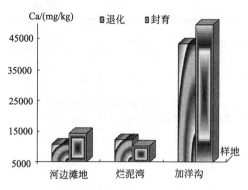

图 6-5 封育草地土壤中矿物元素 Ca 蓄积

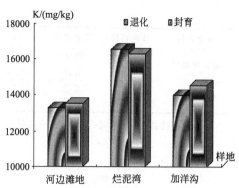

图 6-6 封育草地土壤中矿物元素 K 蓄积

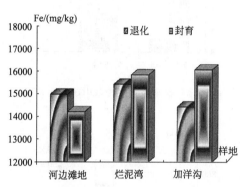

图 6-7 封育草地土壤中矿物元素 Fe 蓄积

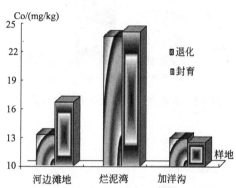

图 6-8 封育草地土壤中矿物元素 Co 蓄积

6.3.3 同种植物中矿物元素蓄积分异行为

退化与封育草地同一种植物中矿物元素含量具有明显的差异（表 6-3，图 6-9～图 6-12）。

表 6-3 青海湖北岸退化草地与封育草地中同种植物中矿物元素含量   单位：mg/kg

植物名称	样地名称	草地类型	Zn	Mn	Ca	P	Sr
星星草	河边滩地	退化	65.72a	90.44a	2092a	43.37a	40.76a
		封育	22.95b	25.47b	1378b	69.39b	11.69b
	那仁车站	退化	95.55a	204.3a	1930	153.3a	58.96a
		封育	58.38b	269.2b	2002	173.0b	52.69b
赖草	那仁车站	退化	67.04a	127.3a	2291	87.73a	77.13a
		封育	40.01b	192.4b	2300	77.71b	154.6b
	烂泥湾	退化	55.58a	104.8a	2153a	198.2a	99.62a
		封育	43.20b	99.28b	1968b	137.6b	74.82b

续表

植物名称	样地名称	草地类型	Zn	Mn	Ca	P	Sr
披针叶黄华	烂泥湾	退化	43.24a	161.5a	2418	182.1a	371.4
		封育	28.47b	137.3b	2368	96.54b	385.4
矮生嵩草	加洋沟	退化	67.56a	182.9a	3660a	71.17a	71.54
		封育	42.17b	167.3b	2364b	37.73b	74.05

注：a、b代表同一元素同一样地在退化与封育草地之间的显著性差异，$p < 0.05$。

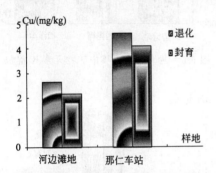

图 6-9　青海湖北岸星星草中矿物元素 Cu

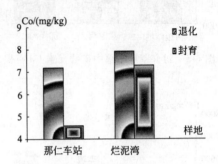

图 6-10　青海湖北岸赖草中矿物元素 Co

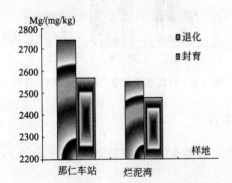

图 6-11　青海湖北岸委陵菜中矿物元素 Mg

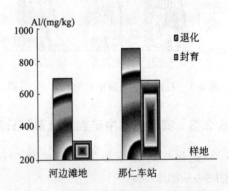

图 6-12　青海湖北岸委陵菜中矿物元素 Al

　　退化草地较封育草地同一种植物中矿物元素含量高，即退化草地植物中矿物元素具有蓄积分异性。河边滩地退化、封育草地委陵菜中 Cu 分别为 11.20mg/kg、8.947mg/kg，青藏苔草中 Cu 分别为 7.100mg/kg、4.354mg/kg，即退化草地较封育草地的委陵菜、青藏苔草中 Cu 元素含量分别高 25.2%和 63.1%。烂泥湾的赖草在退化草地、封育草地中 Sr 分别为 99.62mg/kg、74.82mg/kg，Li 分别为 7.107mg/kg、7.040mg/kg，退化草地较封育草地中 Sr、Li 元素分别增加 33.15%、0.95%，各样地退化草地较封育草地同一种植物中矿物元素含量高，退化草地植物中矿物元素具有蓄积性。随着海拔高度的逐渐增加，各样地同一植物随着海拔高度的逐渐增加矿物元素含量逐渐增加，且退化草地较封育草地植物中同一矿物元素含量增大，如那仁车站、烂泥湾的披针叶黄华。即各类型草地植物吸取更多的矿物元素营养以适应各自的生境并更好地生长发育，如披针叶黄华更适应于海拔相对较高的退化草地。

6.3.4 同科植物中矿物元素蓄积分异行为

退化与封育草地同科植物中矿物元素含量具有明显的差异（表6-4，图6-13～图6-16），退化草地较封育草地同科植物中矿物元素含量高，即退化草地植物中矿物元素具有蓄积分异性。河边滩地退化、封育草地禾本科植物中Ca分别为2086mg/kg、1008mg/kg，Zn分别为55.36mg/kg、33.85mg/kg，即退化草地较封育草地同科植物中Ca、Zn元素含量分别高107%和63.5%。烂泥湾退化、封育草地禾本科植物中Sr分别为111.4mg/kg、98.73mg/kg，Mg分别为1937mg/kg、1593mg/kg，退化草地较封育草地禾本科植物中Sr、Mg元素分别增加12.8%和21.6%，各样地退化草地较封育草地同科植物中矿物元素含量高，退化草地植物中矿物元素具有蓄积分异性。

表 6-4 青海湖北岸禾本科植物中矿物元素含量（$M \pm S$）单位：mg/kg

样地名称		Ca	Mg	Sr	Zn	Fe	B
河边滩地	退化草地	2086±9.192a	1593±200.8a	34.86±8.344a	55.36±14.66a	602.5±36.06a	9.749±0.441
	封育草地	1008±476.7b	1263±561.4b	8.627±8.070b	33.85±20.45b	140.5±75.42b	10.67±1.892
那仁车站	退化草地	2029±228.8	1848±672.7	57.28±20.75a	63.84±33.42a	450.0±180.3	10.33±4.019a
	封育草地	2071±204.4	1889±450.6	109.6±66.67b	48.31±20.47b	469.4±92.01	12.09±3.243b
烂泥湾	退化草地	2250±136.5a	1937±540.2a	111.4±16.67a	55.24±0.488a	510.7±80.33	13.22±0.601a
	封育草地	2140±145.6b	1593±135.9b	98.73±17.90b	45.64±10.83b	500.8±104.3	12.26±2.056b
加洋沟	退化草地	2529a	1897a	71.33a	63.72a	864.6a	16.75a
	封育草地	2426±86.97b	1508±124.5b	62.21±16.75b	54.78±3.069b	653.1±197.9b	12.23±1.902b

注：a、b代表同一元素同一样地在退化与封育草地之间的显著性差异，$p<0.05$。

各类型退化草地较封育草地中矿物元素具有蓄积性。退化草地较封育草地从植物的种、科到植被中矿物元素含量高分别占50.0%，54.7%和66.7%。随着统计植物样本数的增加，退化草地中矿物元素蓄积分异的趋势愈加明显，表明：该自然现象具有数学意义上的统计规律性。

退化草地实施长期的围栏封育等人工干扰措施后，植被群落结构、特征以及土壤结构、理化性质等发生很大变化，相应草地植物中矿物元素具有差异性，其中矿物元素的蓄积分异是必然的，表现出各类型退化草地与封育草地植物和土壤中矿物元素含量的差异性，是矿物元素对于草地植物群落演替变化的及时响应。围栏封育等环境条件的改变促使草地植物群落结构发生改变，封育草地中植物株高、盖度和地上生物量增加，进一步促使草地土壤结构改变。土壤容重降低，土壤的持水能力增强，相应改善了草地植物摄取矿物元素营养的能力。封育草地植物生长发育所必需的矿物元素能够得到及时的供给，则封育草地较退化草地植物株高、盖度和地上生物量等明显增加。又因为矿物元素的生物地球化学循环作用，围栏封育草地土壤中矿物元素有力地保证草地植物中矿物元素摄取，致使封育草地较退化草地生产力显著提高。封育草地土壤中矿物元素的蓄积性，是采取长期封育措施后草地植物生产力提高和矿物元素生物地球化学循环的综合作用的结果，草地土壤中矿物元素是草地植物生长发育所必需的主要营养源。

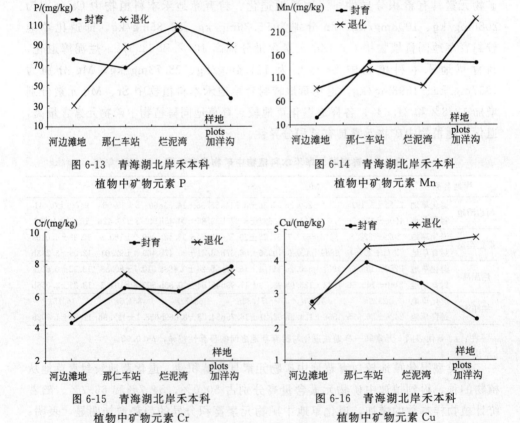

图 6-13　青海湖北岸禾本科
植物中矿物元素 P

图 6-14　青海湖北岸禾本科
植物中矿物元素 Mn

图 6-15　青海湖北岸禾本科
植物中矿物元素 Cr

图 6-16　青海湖北岸禾本科
植物中矿物元素 Cu

青海湖北岸自南至北随着海拔高度的逐渐增加，退化草地植物中矿物元素蓄积具有逐渐增大的趋势。提示：海拔高处较低处的草地退化更为严重，海拔低处相对于海拔高处的退化草地实施围栏封育恢复的效果显著，因为海拔低处较高处的自然环境更有利于大多数植物的生长发育，海拔高处相对恶劣的脆弱生境条件下对退化草地植物实施封育恢复的效果不及海拔低处，自然恢复的难度更大。因此，对于海拔高处的高寒类型草地，必须加大天然草场的保护力度，严禁超载过牧等人类活动的干扰和破坏，确保高寒草地生态系统的健康。

青海湖北岸天然牧草在生长期内地下生物量的积累远远大于地上生物量的积累，在生物总量中，地下部分占 90% 以上，其中 0～10cm 占 65%。退化草地土壤中矿物元素具有蓄积增加的趋势，既是草地退化的环境效应，又是退化草地再退化，换句话说是退化草地"加速"退化的原因。退化草地上的植物（全植株）与土壤中矿物元素营养蓄积特征相同，矿物元素在土壤中含量较多时则植物体内也有较多积累，即退化草地土壤中矿物元素的蓄积与其植物中矿物元素营养的需求正相关。结果表明，退化草地上植物中矿物元素营养的蓄积变化引起土壤中矿物元素营养的改变，进而导致土壤退化。

退化草地植物中矿物元素的蓄积增加主要还是由于全球气候变化和人类活动干扰的综合影响，由于植物的生长发育受到干扰进而影响了植物对矿物元素营养的需求，导致退化草地植物中矿物元素营养的蓄积增加。也可以说，在全球气候变化和人类活动干扰的综合影响下，由于植物所必需的矿物元素营养供给受到干扰进而影响了植物的生长发育，最终导致退化草地植物中矿物元素的蓄积分异。总之，退化草地植物中矿物元素的蓄积分异既是草地退化的结果，也是草地退化的原因之一。一方面草地退化导致了草地植物中矿物元素营养的蓄积增加，同时，退化草地植物中矿物元素的蓄积又引起草地再退化，相互作用，相互影响，导致退化草地的退化速度加快，显现出当前退化草地生态系统"加速度"退化的尴尬景象[66,67]。

6.4 结论

退化草地植物中矿物元素具有蓄积分异性。在全球气候变化和人类活动干扰的综合影响下，退化草地植物中矿物元素的蓄积分异既是草地退化的结果，也是草地退化的原因之一。

7 | 封育草地中重金属元素蓄积分异行为

7.1 问题的提出

实施围栏封育措施能极大地提高草地盖度和生产力,然而长期的围栏封育会使群落物种丰富度和多样性降低,植物种群分布格局发生变化。青海湖北岸草地退化严重,采取围栏封育恢复措施后,各类型草地在恢复演替进程中重金属元素的变化趋势如何?根据天然草地中矿物元素特征,同一类型封育较退化草地植被中重金属元素含量高,封育较退化草地同一种植物中重金属元素含量高,即封育草地中重金属元素具有蓄积分异性,那么,退化草地在封育恢复演替进程中重金属元素蓄积分异行为的动力如何?

7.2 材料与方法

见 4.2。

7.3 结果与讨论

7.3.1 植被中重金属元素的蓄积分异行为

青海湖北岸各类型封育与退化草地植被中重金属元素含量具有明显的差异,表现出封育较退化草地植被中重金属 Pb 元素具有蓄积分异性。

河边滩地、那仁火车站、烂泥湾三样地退化草地植被中 Pb 分别为 3.915mg/kg、6.18mg/kg、7.093mg/kg,封育草地中分别为 5.125mg/kg、7.777mg/kg、7.443mg/kg(表 7-1),封育较退化草地植被中 Pb 分别高 30.9%、25.8%、4.9%,即封育草地植被中 Pb 具有蓄积分异性。且随着海拔高度的增加，自南至北各类型草地植被中 Pb 含量增大的空间分布格局，封育草地植被中 Pb 元素增加具有降低的趋势，即封育草地植被中 Pb 增加趋于降低的特征。各类型草地植被中 Pb、Cd 元素之间具有拮抗性，封育草地中 Pb 高则 Cd 低，而退化草地中 Pb 低则 Cd 高，即各类型草地植被中 Pb、Cd 元素之间具有负相关性。河边滩地、那仁火车站、烂泥湾三样地退化草地植被中平均株高分别为 10.52cm、35.53cm、13.30cm，封育草地植被中平均株高分别为 20.96cm、40.39cm、17.31cm，即各类型草地植被中 Pb 与退化封育草地的平均株具有高正相关性。可见，封育草地植被中 Pb 有明显的蓄积分异性，退化草地植被在采取围栏封育时，封育草地植被中 Pb 具有蓄积分异性。由各类型草地中 Pb 的空间分布格局看，封育草地植被中 Pb 元素具有蓄积性，并表现出封育草地植被中 Pb 元素蓄积量随海拔增加而减小的变化趋势，天然草地在封育演替进程中重金属元素有明显的蓄积分异性。

表 7-1　青海湖北岸各试验样地草地植被中重金属元素含量（$M \pm S$）　单位：mg/kg

样地名称	Pb		Cd	
	退化	封育	退化	封育
河边滩地	3.915±2.726a	5.124±8.597b	0.7211±0.2677a	0.6412±0.2788b
那仁车站	6.180±2.662a	7.777±5.555b	0.3500±0.2173a	0.3183±0.2797b
烂泥湾	7.093±1.448a	7.443±2.874b	0.7369±0.2833a	0.8390±0.2630b
加洋沟	11.31±1.657a	8.286±4.644b	1.260±0.3529a	0.6432±0.2849b

注：a、b 代表同一元素同一样地在退化与封育草地之间的显著性差异，$p < 0.05$。

7.3.2　同种植物中重金属元素蓄积分异行为

退化草地与封育草地同一种植物中重金属元素含量之间有明显的差异（表 7-2），表现出封育较退化草地同一种植物中重金属元素含量高，即封育草地植物中重金属元素具有蓄积分异性。退化与封育草地植物中重金属元素含量都随着海拔高度的增加而增加，且封育草地植物中重金属元素的增加趋于增大趋势，即自南至北随着海拔高度增加，封育草地植物中重金属元素的蓄积量趋于增大的空间分布格局。

表 7-2　青海湖北岸退化草地与封育草地中同种植物中重金属元素含量

植物名称	样地名称	Pb/(mg/kg)		Cd/(mg/kg)		株高/cm	
		退化	封育	退化	封育	退化	封育
星星草	河边滩地	1.460a	1.650b	0.3151a	0.5093b	30	38
	那仁车站	3.601	3.663	0.5007a	0.0784b	46	55
委陵菜	河边滩地	5.628a	5.845b	0.8410a	0.6960b	3.0	7.5
	那仁车站	7.189a	7.719b	0.3699a	0.5904b	13	12

续表

植物名称	样地名称	Pb/(mg/kg)		Cd/(mg/kg)		株高/cm	
		退化	封育	退化	封育	退化	封育
青藏苔草	河边滩地	2.608a	2.196b	0.3190a	0.7058b	5.3	23
芨芨草	那仁车站	1.986a	2.841b	0.0149a	0.0635b	105	120
多枝黄芪	烂泥湾	9.908a	12.55b	0.9930	1.001	2.5	5.0
狼毒	烂泥湾	5.579a	6.012b	0.5151a	0.9100b	18.5	21

注：a、b代表同一元素同一种植物在退化与封育草地之间的显著性差异，$p<0.05$。

各类型退化与封育草地同一种植物中重金属元素与平均株高之间正相关，即封育草地中植物平均株高大于退化草地中平均株高，相应封育草地中重金属元素含量大于退化草地中重金属元素含量。然而同样的不同种植物中重金属元素含量与株高之间负相关，即无论是退化草地还是封育草地，其中草地植物中重金属元素含量与株高负相关，重金属元素蓄积于株高较小的植物中（表7-3～表7-5）。

河边滩地退化、封育草地星星草中Pb分别为1.460mg/kg、1.650mg/kg，Cd分别为0.3151mg/kg、0.5093mg/kg，封育较退化草地星星草中Pb、Cd分别增加13.0%和61.6%，那仁车站退化、封育草地芨芨草中Pb分别为1.986mg/kg、2.841mg/kg，Cd分别为0.0149mg/kg、0.0635mg/kg，封育较退化草地星星草中Pb、Cd分别增加43.1%和326.2%，可见各类型封育草地植物中重金属元素具有蓄积分异性。

表7-3　青海湖北岸河边滩地典型植物中铅元素含量与种群特征

类型	植物名称	Pb/(mg/kg)	株高/cm	平均盖度/%	频度/%	优势度/%
退化草地	委陵菜	5.628a	3	0.3	4	0.025
	青藏苔草	2.608a	5.3	4.7	10	0.090
	星星草	1.460a	30	25	10	0.229
	与元素质量分数相关性	—	−0.7645	−0.8199	−0.9638	−0.89598
封育草地	委陵菜	5.845b	7.5	1.1	10	0.044
	海乳草	5.042	8	1.9	9	0.044
	蒲公英	6.772	8	0.7	6	0.027
	纤杆蒿	4.198	16	2	5	0.029
	披针叶黄华	5.379	17	4.7	7	0.050
	青藏苔草	2.196b	23	3.6	10	0.056
	西伯利亚蓼	38.77	24	0.2	2	0.009
	紫燕麦	0.0776	38	4.7	8	0.054
	星星草	1.650b	38	24	10	0.155
	赖草	1.956	58	38	10	0.223
	与元素质量分数相关性	—	−0.1492	−0.3095	−0.7771	−0.4046

注：a、b代表同一元素同一种植物在退化与封育草地之间的显著性差异，$p<0.05$。

河边滩地、那仁车站样地的海拔分别为 3209m、3216m，而二样地退化与封育草地星星草中 Pb、Cd 元素含量都在随海拔增加而增大，且封育草地中重金属元素增加的趋势在增大。河边滩地、那仁火车站退化与封育草地星星草中 Pb 分别为 1.46mg/kg、1.65mg/kg 和 3.601mg/kg、3.663mg/kg，而植物株高分别 30cm、38cm 和 46cm、55cm，显然封育较退化草地中 Pb 元素具有蓄积性，且与植物株高具有正相关性。

那仁火车站退化草地不同种植物中 Pb 与植物株高、平均盖度、频度和优势度之间相关系数分别为 −0.7973、−0.6153、−0.4095、−0.6143（表 7-4），即同一样地不同种植物中 Pb 与植物株高、平均盖度、频度和优势度等具有负相关性。各类型草地中以委陵菜、多枝黄芪、西伯利亚蓼等伴生种植物中铅元素含量为高，这些植物多具匍匐状根茎，多为椭圆状小叶且被柔毛等生物学特征。

表 7-4　青海湖北岸那仁火车站典型植物中矿物元素含量与种群特征

类型	植物名称	Pb/(mg/kg)	株高/cm	平均盖度/%	频度/%	优势度/%
退化草地 Degraded	短穗兔耳草	9.422	6	0.9	3	0.029
	委陵菜	7.189a	7	0.15	3	0.023
	海乳草	9.865	10	4.8	8	0.093
	马蔺	4.803	18	0.05	1	0.008
	披针叶黄华	5.316a	19	1.05	6	0.052
	星星草	3.601	46	8.7	10	0.135
	赖草	5.281a	53	4.7	7	0.085
	芨芨草	1.986a	105	49.8	10	0.418
	与元素质量分数相关性		−0.7973	−0.6153	−0.4095	−0.6143
封育草地 Enclosed	委陵菜	7.719b	6	0.2	3	0.021
	多枝黄芪	14.80	10	1.7	4	0.037
	披针叶黄华	4.980b	18	0.1	1	0.007
	星星草	3.663	55	16.5	10	0.167
	赖草	5.126b	70	2.6	9	0.076
	芨芨草	2.841b	120	52.3	10	0.382
	与元素质量分数相关性		−0.6536	−0.5080	−0.4918	−0.5330

注：a、b 代表同一元素同一种植物在退化与封育草地之间的显著性差异，$p < 0.05$。

7.3.3　同科植物中重金属元素蓄积分异行为

退化与封育草地同一科植物中重金属元素含量有差异性，表现出封育加退化草地同科植物中重金属元素含量高（表 7-6），即封育草地植物中重金属具有蓄积分异性。河边滩地退化、封育草地禾本科植物中 Pb 分别为 0.8985mg/kg、1.179mg/kg，封育较退化草地同科植物中 Pb 元素高 31.2%。烂泥湾退化、封育草地豆科植物中 Pb 分别为 8.521mg/kg、10.21mg/kg，Cd 分别为 0.8257mg/kg、0.9104mg/kg，封育较退化草地豆科植物中 Pb、Cd 元素分别增加 19.8% 和

10.3%，各样地封育较退化草地同科植物中重金属元素含量高，封育草地植物中重金属具有蓄积分异性。

表 7-5　青海湖北岸烂泥湾典型植物中矿物元素含量与种群特征

类型	植物名称	Pb/(mg/kg)	株高/cm	平均盖度/%	频度/%	优势度/%
退化草地	委陵菜	5.639a	1.5	0.25	6	0.028
	甘肃马先蒿	6.548	2	0.07	5	0.022
	多枝黄芪	9.908a	2.5	1.4	7	0.044
	蒲公英	7.324	2.5	0.35	4	0.020
	披针叶黄华	7.134a	3.3	0.12	3	0.014
	异叶青兰	8.619	7.8	1.35	10	0.056
	狼毒	5.579	18.5	0.61	7	0.036
	赖草	5.232a	28	1	3	0.023
	紫花针茅	6.113	31	21.4	10	0.272
	与元素质量分数相关性		−0.5127	−0.1509	0.2798	−0.1016
封育草地	委陵菜	11.88b	5	0.95	8	0.036
	多枝黄芪	12.55b	5	3.4	10	0.059
	阿尔泰狗哇花	6.873	8.6	8.4	10	0.091
	披针叶黄华	6.666b	10.5	0.4	2	0.010
	狼毒	6.012	14	0.3	2	0.009
	天山鸢尾	6.893	21	0.05	1	0.004
	恰草	7.464	28	3.5	10	0.059
	冰草	5.794	31	8.6	9	0.089
	赖草	4.382b	39	3.4	10	0.059
	芨芨草	4.400	72	0.2	1	0.005
	与元素质量分数相关性		−0.6751	−0.0570	0.3529	0.1271

注：a、b 代表同一元素同一种植物在退化与封育草地之间的显著性差异，$p < 0.05$。

表 7-6　青海湖北岸退化草地与封育草地中同科植物中重金属元素含量　单位：mg/kg

植物科类	样地名称	Pb		Cd	
		退化	封育	退化	封育
禾本科	河边滩地	0.8985±0.7946a	1.179±0.8840b	0.4963±0.2563a	0.3411±0.2743b
	那仁车站	3.622±1.648a	8.319±8.574b	0.2567±0.2429a	0.0774±0.0169b
	烂泥湾	5.672±0.6232	5.187±1.187	0.5362±0.1191a	0.6320±0.1828b
	加洋沟	9.445a	5.578±1.852b	0.5795a	0.3984±0.1989b
豆科	河边滩地	8.137a	5.379b	0.9429	0.9993
	那仁车站	5.316a	9.892±6.946b	0.4750a	0.6452±0.3094b
	烂泥湾	8.521±1.962a	10.21±3.120b	0.8257±0.2366a	0.9104±0.0900b
	加洋沟	10.37	10.54±5.414	1.843a	0.7904±0.1425b

注：a、b 代表同一元素同一种植物在退化与封育草地之间的显著性差异，$p < 0.05$。

7.3.4　土壤中重金属元素蓄积分异行为

各类型退化、封育草地土壤中重金属元素含量具有差异性，表现出封育较退化草地土壤中重金属元素含量高（表7-7），即封育草地土壤中重金属元素具有蓄积分异性。随着海拔高度增加，封育较退化草地土壤中重金属元素的增加趋于降低。各样地土壤中重金属元素随着土壤深度的增加略有增加的趋势，即在土壤垂直剖面上有随深度而增加的重金属元素分布特征。同类型封育较退化草地植被和土壤中重金属元素含量高，且草地植被和土壤中重金属元素与平均株高之间具有正相关性。

表 7-7　青海湖北岸各试验样地土壤中重金属元素含量　单位：mg/kg

样地名称	土壤层位/cm	Pb		As		Hg		Cd	
		退化	封育	退化	封育	退化	封育	退化	封育
河边滩地	0～10	17.61a	26.26b	8.119a	10.37b	0.0156a	0.0182b	0.1884a	0.1680b
	10～20	9.630a	22.12b	38.19	40.03	0.0166	0.0177	0.1618a	0.4381b
	20～30	16.77a	28.25b	14.97a	76.92b	0.0172	0.0173	0.1518a	0.4675b
	30～40	31.67a	27.27b	42.86	40.87	0.0185a	0.0202b	0.2488a	0.3996b
那仁车站	0～10	35.32	37.15	39.19a	10.85b	0.0184	0.0194	0.3331a	0.9314b
	10～20	40.77a	36.76b	8.275	9.070	0.0154a	0.0187b	0.3719a	0.8358b
	20～30	28.18a	41.65b	51.47a	40.46b	0.0156a	0.0184b	0.3624a	0.5158b
	30～40	29.62	30.52	12.58a	8.607b	0.0165	0.0157	0.4073a	0.5371b
烂泥湾	0～10	9.185a	32.59b	26.11a	53.47b	0.0146a	0.0180b	0.0285a	0.0780b
	10～20	21.27a	31.72b	8.378a	15.11b	0.0169	0.0178	0.1839a	0.1425b
	20～30	29.85	30.08	48.87	52.82	0.0171a	0.0153b	0.2049	0.1987
	30～40	29.82	29.46	21.88a	13.76b	0.0154	0.0162	0.2965a	0.1512b
加洋沟	0～10	29.19	25.03	16.16a	19.29b	0.0171a	0.0205b	0.0839a	0.1431b
	10～20	51.25a	33.15b	7.618a	42.10b	0.0138a	0.0175b	0.1966	0.1878
	20～30	23.71a	39.76b	18.87a	56.06b	0.0244a	0.0184b	0.1819a	0.4008b
	30～40	23.41a	39.91b	17.04a	23.65b	0.0179	0.0178	0.1161a	0.2556b

注：a、b代表同一元素同一样地在退化与封育土壤之间的显著性差异，$p < 0.05$。

　　河边滩地、那仁火车站、烂泥湾等样地退化草地土壤（0～10cm）中Pb分别为17.61mg/kg、35.32mg/kg、9.185mg/kg，封育草地土壤（0～10cm）中分别为26.26mg/kg、37.15mg/kg、32.59mg/kg（表7-7），封育较退化草地土壤（0～10cm）中Pb分别高49.11%、5.18%、254.8%，封育草地土壤中Pb具有蓄积分异性。随着海拔高度增加，自南至北各类型草地土壤中Pb含量趋于增大，而封育草地土壤中Pb元素增加趋于降低的分布特征。各样地土壤垂直剖面上重金属元素的变化，如：河边滩地退化草地土壤中Hg元素，加洋沟封育草地土壤中Pb元素，烂泥湾退化草地土壤中Cd元素，随着土壤深度的增加而增加。

　　河边滩地、那仁火车站、烂泥湾三样地以那仁火车站草地植被和土壤中铅元素含量和植物株高为显著，可能与其特殊地理位置以及人类活动的干扰有关。鲁春霞等认为：已运营铁路段的土壤铅和汞含量显著高于土壤背景值，而且普遍高于正在修建铁路段的含量值。由此推断，铁路运营使铁路两侧产生了一定程度的重金属铅污染。有趣的是河边滩地封育草地较退化草地植物株高增加最为显著，相应植被和土壤中铅的蓄积增加也显著，而那仁火车站封育草地较退化草地植物株高增加不显著，相应植被中铅的蓄积增加次之，土壤中则不显著。

退化草地实施围栏封育措施后因植物群落结构、植被类型以及土壤结构和理化性质等发生了很大改变[21]，相应草地上植物生长发育所必需的矿物元素营养也将会发生改变，表现出退化与封育草地中重金属元素含量的差异性是必然的。草地植物中矿物元素营养对于草地生态系统的变化是极其敏感的，相应各类型草地中铅、镉元素的变化也是对于草地生态系统演替变化的响应。

封育草地较退化草地植物中重金属元素具有蓄积性。各类型草地的同一种植物、同科植物到植被群落，随着样本数增加，封育草地植物中重金属元素蓄积分异特征愈加清晰，即具有数学意义上的统计规律性。

青海湖北岸自南至北随着海拔高度增加，各类型草地植被和土壤中铅元素含量趋于增大，与青海湖地区非必需微量元素特征相一致[64]。过度放牧会使种群生境恶化，生产力下降[52,53]，围栏封育对提高草地生产力具有显著效果[30,32,34]，作为植物生长发育必需的钾、钙、镁等矿物元素营养在退化草地植物中具有蓄积性[67]，然而，有趣的是青海湖北岸封育草地中铅元素具有蓄积性，且与同一种植物的株高具有正相关性，而与不同种植物的株高却负相关，草地植物和土壤中铅元素源于哪里？铅元素在草地生态系统中生物地球化学循环？其迁移、分布的途径？

Pb，Ni，As，Cd 等元素呈现玉米＞大豆＞荒地的分异规律，整体上荒地土壤中的重金属元素含量低于耕地。说明农业生产过程，尤其是施肥是土壤重金属元素来源及分异的重要影响因素[119]。封育草地较退化草地植物和土壤中铅元素具有蓄积性可能也是采取围栏封育措施的结果之一。封育与退化草地的同一种植物中铅元素与株高之间正相关，提示：草地植物中铅元素更多地源于植物地上部分周围的大气环境，同一种植物株高与地上生物量正相关，则株高与该植物周围环境的接触面之间正相关，即草地植物中铅元素源于该植物周围的大气环境，封育草地植物高的株高和地上生物量使该植物从大气环境中摄取较多的铅元素并蓄积其中，这可能是封育草地中铅元素具有蓄积性的重要原因之一。而不同种植物中铅元素与株高负相关，提示：草地植物中铅元素部分源于土壤环境，株高较小且具匍匐状根茎的植物，由于生长特性使其从土壤环境中得到更多的矿质营养，同时也能在铅元素蓄积的土壤中摄取到更多的并非需要的铅元素，并蓄积于植物体内，这也是封育草地中铅元素具有蓄积性的原因之一。退化草地较封育草地植物更容易受到践踏等外界因素的干扰，致使封育草地中铅元素积累时间相对延长也可能是导致铅元素蓄积的成因之一。

　　封育草地土壤中铅元素蓄积与铅的生物地球化学循环相关。源于大气环境中的铅离子被生长期的植物吸收并蓄积于体内，在生长周期末（枯萎）将蓄积于地上部分的矿质营养和重金属铅元素等迁移至地下根部，随着根部的逐渐腐烂分解又迁移至周围的土壤环境中，致使草地土壤中铅元素具有蓄积性。年复一年，草地生态系统尤其是长期封育恢复草地植物和土壤中铅元素显著蓄积增加（图7-1）。已运营铁路段的土壤铅和汞含量显著高于土壤背景值，而且普遍高于正在修建铁路段的含量值，铁路运营使铁路两侧产生了一定程度的重金属铅污染[120]。那仁火车站草地植被和土壤中铅元素含量在三样地中最为显著，这与人类活动干扰相关。

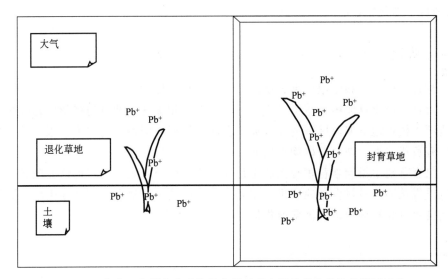

图 7-1　退化草地和封育草地植物中铅元素来源及其地球化学循环示意

　　长期的围栏封育恢复措施会导致群落物种丰富度和多样性降低，植物种群分布格局变化。封育草地中重金属铅元素具有蓄积性，提示：在草地恢复演替中应关注长期围栏封育恢复草地中重金属元素蓄积问题，对于草地生态系统中，草地重金属元素也应成为评价优良牧草和草场的重要因素或指标之一。同时，草地生态系统中铅元素具有蓄积性，为草地植物在净化城市大气环境和工业铅污染环境改造提供了科学依据。

　　封育草地植物中重金属元素的增加随着海拔高度的增加而增加也可能与样地植被类型有关。随着海拔高度增加，多年生植物的种类增加，同时植物生长期略有减少，致使植物体内重金属元素蓄积增加，而退化草地与封育草地植物体内的重金属元素含量差异减小，形成退化草地较封育草地植物中重金属元素的降低逐渐增加的空间分布格局。

退化草地植物中重金属元素的变化主要还是由于全球变化和人类干扰的综合影响，即在全球变化和人类干扰的综合影响下，由于植物的生长发育受到干扰进而影响了植物对重金属元素的吸收，导致退化草地植物中重金属元素的变化。也可以说，在全球变化和人类干扰的综合影响下，由于植物生长发育所必需的矿物质元素营养供给受到干扰进而影响了植物的正常生长发育，最终导致退化草地植物中重金属元素的变化。总之，退化草地植物中重金属元素的变化既是草地退化的原因，也是草地退化的结果。一方面草地退化导致草地植物中矿物质元素营养和重金属元素的变化，同时，退化草地植物中矿物质元素营养的变化又引起草地再退化，相互影响，导致退化草地的退化速度加快，即出现退化草地生态系统"加速度"退化的尴尬景象[66,67]。

7.4 结论

封育草地植物和土壤中重金属元素具有蓄积分异性。

封育与退化草地植物中铅元素与株高具有正相关性，即草地植物中铅元素更多地源于植物地上部分周围的大气环境；同一样地不同种植物中铅元素与植物株高具有负相关性，则草地植物中铅元素部分源于土壤环境。

封育草地中铅元素蓄积与铅的生物地球化学循环有关，在草地恢复演替研究中应重视长期围栏封育草地中重金属元素蓄积问题，草地重金属元素也应成为评价优良牧草和草场的重要因素或指标之一。

8 | 草地矿物元素蓄积分异行为的内动力

8.1 问题提出

青海湖北岸草地矿物元素分布具有垂直带状谱特征，并具有与地形地貌相一致的空间分布格局，为什么？草地植物中矿物元素含量与植物株高之间负相关，退化草地中矿物元素具有蓄积分异性，又为什么？其作用机理？青海湖北岸草地中矿物元素的分布既特别又有趣，透过现象看本质，事物发展的根本原因是内因，即内因是根据，外因是条件，外因只有通过内因才起作用。青海湖北岸草地中矿物元素的分布格局和蓄积分异行为等的种种自然现象，其根本原因还是草地植物本身的变化所致。那么，退化草地植物中矿物元素蓄积分异行为发生的内动力是什么？

8.2 草地矿物元素"饥饿效应"假说

矿物元素"饥饿效应"是对生物体内矿物元素营养供给与平衡关系的一种假设，当生物体内矿物元素营养的供给量不能满足其生理需要量时，生物体内便蓄积部分矿物元素，其目的是方便其生理急需时所用，因为矿物元素是生命体生长发育所必需营养成分，矿物元素既是生命体组织器官必要的结构成分，又是生命体新陈代谢等生理生化反应所必需的营养成分，而这些必需的矿物元素是生命体不能自身合成产生，唯有通过体外营养食物链等途径从环境中摄取获得。因此，生长发育中的生命体在摄取来自于体外空间的矿物元素，并适应所依赖的生活环境过程中，若某一矿物元素营养的供给不能满足其生理所需或不能及时得到供给，生命体处于一种对于某一矿物元素营养的"饥饿"状态，生命体为了适应这种对于矿物元素的"饥饿"的状态或环境，及时调节对矿物元素的需求量并适量储存于体内，以满足自身生命活动对于矿物元素的及时所需。即生命体为了应对这种对于矿物元素的"饥饿"状态，体内便蓄积矿物元素的这种现象，形象地称为生物矿物元素的"饥饿效应"。一个生命体就是一个生存智慧体，适者生存，生命的本能促使生命体以最大限度地调节自身，改造环境来完成一代又一代生命体的遗传与延续，并不断地智慧地提高自身生存质量，适应生存环境，实现与环境融洽与和谐。对于食物营养供给的"饥饿效应"现象较为常见，如：澳大利亚西南部缺钠地区的欧兔于非生殖季节期间，在自己组织中对于矿物元素钠的储备，这些储备钠通常会在生殖季节结束前后被耗尽；生活在干旱缺水的沙漠环境中骆驼体内对食盐的储备。有些喜钙植物体内的含钙量并不一定很多。退化草地植物中矿物元素蓄积分异性也可以说是草地植物中矿物元素的"饥饿效应"所致。

特别需要说明的是，草地矿物元素"饥饿效应"仅仅是为了解释草地矿物元素蓄积分异性而提出的一种假说，尚待进一步试验验证。其次，对于每一种植物来说，各种矿质营养元素生理生态作用都存在最低点、最适点和最高点。任何一个矿质营养元素短缺或过量都会对植物生长发育产生重要的生理影响，因此植物正常生长发育需要适量组合的矿质营养元素。美国生态学家 Shelford V E (1913) 耐性定律认为每株或每种植物对影响它的每一项生态因子都有耐受的上限和下限，上下限之间为耐性范围。矿物元素的"饥饿效应"是指生命体对于矿质营养在其耐性范围内供给相对较少，即某一矿物元素营养的供给不能充分地满足其生理所需或不能及时地得到供给，处于对于某矿物元素需求的相对短缺或者说是"饥饿"状态，并非耐性范围的上下限或者说是对矿物元素的短缺或过量（图 8-1），短缺会使植物因某一矿物元素供给不足而出现相应元素缺失的病症状态，而过量也会因的某一矿物元素供给过量而出现相应元素中毒的病症状态。

退化草地上大多数植物由于各种原因致使所需矿物元素营养供给量不能满足其生理需要时，植物体内便蓄积矿物元素营养并及时为生理功能所用，以维持植物体正常生长的生理所需，相应退化草地植物中矿物元素具有蓄积性，即矿物元素营养"饥饿效应"现象也是草地植物对外界环境变化的一种"应激"响应。生长发育期因矿物元素长期供给相对不足而使植物体内的矿物元素渐渐蓄积分异，或者说植物体内相对过量的矿物元素也可能不利于植物的生长，退化草地中植物长期处于某一矿物元素的"饥饿"状态并渐渐适应对该矿物元素的供给量，则退化草地上植物因矿物元素营养的"饥饿效应"，植物正常生长的生理功能受损或有所改变，致使生长发育迟缓，植物的株高和地上生物量减小。显然，草地植物因对某一矿物元素的"饥饿"而使植物体内的矿物元素蓄积分异，即草地植物中矿物元素蓄积分异行为的内动力应该是来自矿物元素的"饥饿效应"。可见，矿物元素"饥饿效应"假说是退化草地植物中矿物元素营养具有蓄积分异性现象的

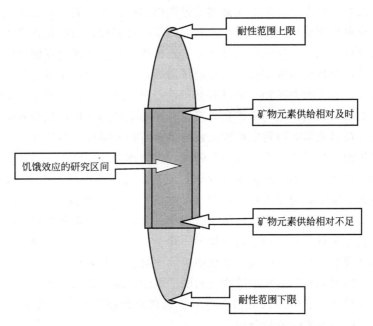

图 8-1　草地矿物元素"饥饿效应"中相对不足的示意

一种合理解释。

　　生物矿物元素营养的"饥饿效应"是生物体内矿物元素营养在其耐性范围内供给相对不足时，体内对于该种矿物元素营养有所蓄积这一现象的假设，至于在多大程度上（具体的数量化指标）矿物元素的供给为相对不足，即矿物元素"饥饿效应"发生的具体量化指标，有待进一步试验研究。

　　在农业生产实践中对于"施肥增产"有了科学的认识和体验，在作物生长期补充适量矿质营养将会大大地促进植物的生长发育，即作物在矿物元素耐性范围内的摄取量与其生长之间正相关。而矿物元素"饥饿效应"提示：生物体正常的生长发育必需及时地给予足够量的矿物元素营养供给，因此，在农业生产实践中，根据生物体内矿物元素含量的高低来分析判断生物体中矿物质元素营养的丰缺盈亏时，应注意生物矿物元素营养的"饥饿效应"现象，避免矿物元素营养因"饥饿"状态的蓄积分异行为而造成的假象，以正确、有效地补给生物体所必需的矿物元素营养。生物矿物元素营养的"饥饿效应"既有理论研究意义，又有重要的生产实践意义。

8.3　矿物元素蓄积分异行为的内动力——"饥饿效应"

　　青海湖北岸退化草地中矿物元素具有蓄积分异性，根据农业生产中"施肥增产"的科学认识和体验，给生长期作物补充适量矿物元素营养将会大大地促进植物的生长发育，即作物在矿物元素耐性范围内的摄取量与其生长之间正相关。而青海湖北岸退化草地植物中矿物元素营养的蓄积分异性，与农业生产中"施肥增产"的科学认识相悖，应该说封育恢复草地植物中矿物元素营养因能够得到及时足量的供给，草地植物株高和地上生物量增加，生长状况优于退化草地植物，相应若在封育草地植物中矿物元素具有蓄积性，则"施肥增产"的科学认识又一次得到生产实践的检验，植物中矿物元素营养和功能作用等理论也得到生产实践的检验，然而在退化草地植物中矿物元素确具有蓄积分异性，为什么？

根据生物矿物元素"饥饿效应"假说，生物体内某一矿物元素在其耐性范围内供给相对不足时，体内就蓄积该种矿物元素以便供给生理生化反应时所急需，因此，退化草地中矿物元素具有蓄积分异性这一科学问题得到合理解释与回答，并与农业生产中"施肥增产"的科学认识相一致，矿物元素营养和功能作用等理论同样在退化演替草地植物中得到检验，更为重要的是，矿物元素"饥饿效应"假说能够合理地解释、阐明退化草地中矿物元素蓄积分异行为发生的内动力这一科学问题，即退化草地植物中矿物元素的"饥饿效应"是该草地植物中矿物元素发生蓄积分异行为发生的内动力，也就是退化草地植物中矿物元素的"饥饿效应"驱动了矿物元素的蓄积分异。

退化草地实施长期的围栏封育措施后，由于植物群落结构、植被类型以及土壤结构等生态环境发生了很大改变，相应草地上植物生长发育所必需的矿物元素营养也将会发生改变，从而表现出退化草地与封育草地中矿物元素含量的差异性是必然的。退化草地中矿物元素蓄积分异性既是草地植物对于生态系统及群落结构等演替变化的及时响应，又是草地植物中矿物元素"饥饿效应"内动力驱动的表征与表现。即草地植物中矿物元素对于草地生态系统的演替，对于外界环境的变化是极其敏感的，同时草地植物中矿物元素的"饥饿效应"驱使草地植物中矿物元素蓄积分异。因此，外界环境变化是蓄积分异行为发生的条件，而"饥饿效应"是蓄积分异行为发生的内在动力，是蓄积分异行为发生的根本原因。

封育较退化草地土壤中矿物元素蓄积性，以及土壤与植被中矿物元素之间负相关关系是生物矿物元素营养的"饥饿效应"现象的有力佐证，退化草地土壤中矿物元素的相对不足可能是植物体中矿物元素供给不足而蓄积增加，产生"饥饿效应"的重要原因之一，而"饥饿效应"的结果又导致退化草地土壤和植物中矿物元素生物地球化学循环的恶化，土壤愈加退化，草地生态系统的平衡破坏。可见，对于退化草地植物中矿物元素营养的"饥饿效应"现象应进行深入的研究并引起重视！

在全球气候变化和人类活动干扰的综合影响下，退化草地中植物由于生长发育受到干扰，进而又影响了植物对矿物元素营养摄取能力与供给平衡，而矿物元素的"饥饿效应"又使退化草地植物中矿物元素发生蓄积分异行为，因此。退化草地植物中矿物元素的蓄积分异行为既是草地退化的结果，又是草地退化的重要原因之一。一方面草地退化导致了矿物元素的蓄积分异行为的发生，同时，退化草地植物中矿物元素的蓄积分异行为又引起退化草地的再退化，相互作用，相互影响，致使退化草地的退化速度加快，显现出当前退化草地生态系统"加速度"退化的尴尬景象。

8.4　对草地中矿物元素特征的解释

8.4.1　对矿物元素与株高负相关的解释

青海湖北岸草地植物中矿物元素与株高之间具有负相关性，类似于退化草地植物中矿物元素的蓄积分异性，也与农业生产中"施肥增产"的科学认识相悖，应该说同一样地中植物株高和地上生物量增加与其矿物元素营养正相关，即株高高大较低矮植物更具有竞争优势，能够较容易地及时获得足量的矿物元素营养供给，因而生长发育优良，相应若在株高较为高大的植物中矿物元素具有蓄积性，则"施肥增产"的科学认识又一次得到生产实践的检验，植物中矿物元素营养和功能作用等理论也得到生产实践的检验。然而草地植物中矿物元素含量与株高之间负相关，即低矮的植物中矿物元素含量高，如何解释？其中矿物元素的作用机理？

依据生物矿物元素"饥饿效应"假说，天然草地植物中矿物元素与株高之间具有负相关性这一现象恰能得到合理解释与回答，并与农业生产中"施肥增产"的科学认识相一致，矿物元素营养和功能作用等理论同样在这天然草地植物中得到检验。毋庸置疑，同样环境条件下高大的植物具有阳光、水分等养分的竞争优势，矿物元素作为植物生长发育的必需营养，高大的植物中矿物元素含量高是容易理解的，然而低矮的植物中含有丰富的矿物元素营养，可能与矿物元素"饥饿效应"有关，即低矮的植物由于养分竞争的劣势，其中矿物元素相对于高大植物来说营养供给在其耐性范围内是相对不足，即低矮植物较高大植物体内的矿物元素营养处于"饥饿"状态，这时由于矿物元素的"饥饿效应"驱使低矮植物体内蓄积矿物元素以便供给生理生化反应时所急需，可见，天然草地植物中矿物元素的"饥饿效应"造就了其中矿物元素与株高之间负相关关系。即矿物元素的"饥饿效应"是天然草地植物中矿物元素与株高之间负相关的主要原因，生物矿物元素"饥饿效应"假说理论，科学地阐释了天然草地植物中矿物元素与株高之间具有负相关性这一现象。

8.4.2　对空间分布格局的解释

青海湖北岸草地植物中矿物元素含量随着海拔高度的增加而增加，矿物元素具有与地形地貌相一致的空间分布格局。一般来说，草地矿物元素的这种空间分布格局的形成可能与当地区域地质背景有关，青海湖北岸草地矿物元素的空间分布格局与区内地势一致，可能与区域地质特征、区域内地质构造活动以及和地球化学背景等有关，各类型草地植物与其生长环境相适宜，长期的适应进化形成了各类型草地独特的矿物元素特征谱，进而形成了与地形相一致的草地矿物元素的空间分布格局。其次，区内典型垂直变化明显的气候特征，可能也是草地矿物元素空间分布格局的成因之一。但是，结合区内植被群落特征调查结果，青海湖北岸各类型草地植物中矿物元素与株高之间具有负相关性，即高海拔处的高寒草甸类植物的株高和地上生物量明显低于较低海拔处温性干草原类植物，这样则与天然草地植物中矿物元素与株高之间具有负相关性的情况类似，与农业生产中"施肥增产"的科学认识相悖，应该说低海拔处株高高大的植物较高海拔处的低矮植物更容易地获得足量的矿物元素营养供给，相应株高高大的植物体内矿物元素含量高。然而草地植物中矿物元素随着海拔的增加而增加，与株高负相关，即高海拔处低矮植物中矿物元素含量高，是地质、气候等环境因素在起作用？还是与植物体本身也有关系呢？

根据生物矿物元素"饥饿效应"假说理论，青海湖北岸草地植物中矿物元素的空间分布格局这一现象也会得到合理的阐释，并与农业生产中"施肥增产"的科学认识相一致，有关植物矿物元素营养和功能作用等理论同样在这天然草地植物中得到检验。如前所述，矿物元素作为植物生长发育的必需营养，其中矿物元素与株高负相关与生物矿物元素"饥饿效应"有关，即高海拔处低矮的高寒草甸类植物由于养分供给的劣势，其中相对于地海拔处温性草原类的高大植物来说矿物元素营养供给在其耐性范围内是相对不足，即高海拔处植物较低海拔处植物体内的矿物元素营养处于"饥饿"状态，这时由于矿物元素的"饥饿效应"驱使高海拔处植物体内蓄积矿物元素以便供给生理生化反应时所急需，可见，天然草地植物中矿物元素的"饥饿效应"既造就了其中矿物元素与株高之间负相关关系，又形成了草地植物中矿物元素与地形地貌相一致的空间分布格局。即矿物元素的"饥饿效应"是青海湖北岸草地植物中矿物元素空间分布格局的重要成因之一，生物矿物元素"饥饿效应"假说理论，科学地阐释了青海湖北岸草地植物中矿物元素的空间分布格局这一现象。

8.4.3 对草地演替进程中矿物元素响应的解释

草地矿物元素对于草地封育等人类活动的干扰极为敏感，青海湖北岸封育草地矿物元素具有随封育时间的增加而降低的时间分布格局，也是草地植物群落演替进程的表征与响应。按照生物矿物元素"饥饿效应"假说理论，青海湖北岸草地植物中矿物元素的时间分布格局也能得到合理的阐释。封育草地在去除或减轻过载放牧等人类活动的干扰影响下，随着封育时间的增加，草地植物的株高、盖度和地上生物量等明显增加，草地封育恢复对提高草地生产力是行之有效的措施之一。矿物元素作为植物生长发育的必需营养，其中封育草地中矿物元素随着封育时间的增加而降低，且与株高之间负相关，封育草地中矿物元素的种种特征正好是生物矿物元素"饥饿效应"假说理论的再检验。即随着封育时间的增加，封育草地的环境越来越适应于植物的生长，株高增加、地上生物量增大，良好的长势表明植物必需的养分能够得到及时供给，按照生物矿物元素"饥饿效应"假说理论，封育草地植物中矿物元素必然会随着草地植物的长势而降低，因为矿物元素营养的及时供给避免了耐性范围内供给的相对不足这一"饥饿"状态，土壤环境中充足的矿物元素充分地保证了地上植物对矿物元素的及时所需，即及时矿物元素供给不再需要蓄积"备战"，而草地中矿物元素与株高之间负相关又进一步表明生物矿物元素"饥饿效应"假说的合理与正确。可见，封育草地植物中矿物元素的"饥饿效应"既形成了草地植物中矿物元素随时间增加而降低的时间分布格局，又造就了其中矿物元素与株高之间负相关关系。即矿物元素的"饥饿效应"是青海湖北岸封育草地植物中矿物元素时间分布格局形成的重要原因之一，生物矿物元素"饥饿效应"假说理论科学地阐释了青海湖北岸封育草地植物在演替进程中矿物元素的及时响应这一自然现象。

8.5 结论

生物矿物元素"饥饿效应"假说，是对生物体内矿物元素营养供给与平衡关系的一种假设，某一矿物元素营养的供给不能满足其生理所需或不能及时得到供给，或者说矿物元素在其耐性范围内供给相对不足时，生命体处于一种对于某一矿物元素营养的"饥饿"状态，生命体为了适应这种对于矿物元素的"饥饿"的环境，及时通过自身调节矿物元素需求量并适量储存于体内，以满足自身生命活动对于矿物元素的及时所需。即生命体为了应对这种对于矿物元素的"饥饿"状态，体内便蓄积矿物元素的这种现象，形象地称为生物矿物元素的"饥饿效应"。

矿物元素"饥饿效应"假说理论，合理地诠释了退化草地中矿物元素的"饥饿效应"是其蓄积分异行为发生的内动力这一科学问题的实质，即退化草地植物中矿物元素的"饥饿效应"驱动了矿物元素蓄积分异行为的发生。

生物矿物元素"饥饿效应"假说理论，合理地解释与回答了天然草地植物中矿物元素与株高之间具有负相关性、青海湖北岸草地植物中矿物元素具有与地形地貌相一致的空间分布格局、青海湖北岸封育草地植物中矿物元素的时间分布格局以及在演替进程中矿物元素的及时响应等一系列自然现象，并与农业生产中"施肥增产"的科学认识相一致，矿物元素营养和功能作用等理论在草地植物中得到再次检验与验证。

9.1　问题提出

在全球气候变化和人类活动干扰等综合影响下，青海湖湖区生态环境总体出现明显的恶化趋势，尤其是草地普遍超载过牧，使原本脆弱的生态环境更加脆弱，草地退化极为严重，草地生态环境恶化，畜牧业生产效益低下。青海湖北岸各类型退化草地中矿物元素具有蓄积分异性，矿物元素蓄积分异行为发生的内动力是来自草地植物本身的矿物元素"饥饿效应"所致，而气候变化、超载过牧等环境因素影响下，草地生态系统的演替对草地植物中矿物元素蓄积分异行为有何影响？草地演替进程中矿物元素发生蓄积分异行为，那么，驱使草地演替的环境影响因子也就是草地矿物元素蓄积分异行为发生的外动力吗？

9.2　全球气候变化下草地矿物元素的蓄积分异行为

青海湖流域除 1961—2004 年四季及年平均气温出现年际间的微小波动外，均呈现出明显的上升趋势，年平均气温线性变率为 0.35℃/10a，明显高于青海省平均增幅（0.25℃/10a，1961—2002）和全球气温增幅（0.03～0.06℃/10a，1961—2002），青海湖流域是青海省乃至全球增温较为显著的地区之一。气候变化是影响青海湖水位变化的主要原因之一，主要是通过影响入湖河流的径流量以及湖面降水量和湖面蒸发来实现。青海湖流域气候变化，特别是 20 世纪 90 年代以来气温升高、降水减少和蒸发增大直接造成了青海湖水位下降，毋庸置疑，气候变化决定了青海湖的水位变迁[2]。

气候变化对草地植被的主要影响是：牧草的生长期、牧草产量和牧草的群体结构。刚察县秋季降水量自 20 世纪 60 年代以来，以每 10 年 10.0mm 的速率减少，且春季降水从 90 年代开始出现每 10 年减少 4.1mm 的趋势，这一变化趋势导致了牧草返青的推迟。同时，在牧草枯黄前的 8～9 月份降水呈减少趋势，气温升高 0.22～0.35℃/10a，加剧了干旱对牧草的影响，致使牧草枯黄期提前[2]。因此，气候干旱化使草地植物的有效生长期呈缩短趋势。据研究，青海湖流域光照条件充足，能够满足牧草生长发育的需要；而制约天然牧草产量的主要因子是降水和温度。牧草的产量随着降水的增多而提高，青海湖流域西北部的降水量呈逐年减少的趋势，致使牧草产量下降。可见，气候干旱化造成草地退化，草地生产力下降，相应伴随着青海湖北岸草地退化演替的发生，主要表现在植被稀疏、盖度降低；草地土壤破坏，有机质流失；草层高度降低，优质牧草和可食牧草所占比例降低，草场产草量下降，平均株高降低。据青海湖流域内代表性的铁卜加牧业气象试验站 1987—1996 年 10 间观测资料分析，天然草地平均牧草（鲜草）产量为 2833 kg/hm², 其中前 5 年为 3287.7 kg/hm², 后 5 年为 2079.1 kg/hm², 后 5 年较前 5 年产量下降了 36.76％；10 年间禾本科牧草平均株高为 24 cm, 前 5 年为 29 cm, 后 5 年为 19 cm, 后 5 年较前 5 年株高降低了 34.48％[2]。

青海湖北岸草地植被和植物、草地演替等对全球气候等环境变化的响应是及时的，即草地植物的生长发育以及草地群落演替进程等都随着流域内气候的变化而变化。植被群落特征表明，青海湖北岸各类型退化草地较封育草地中植物平均株高降低、盖度降低、地上生物量减小，其中矿物元素蓄积分异，且矿物元素与株高具有负相关性等一系列显著特征。从草地植物、群落结构到草地土壤的理化性质，草地群落演替等都与流域内气候变化密切相关，可以说，青海湖北岸草地对全球气候变化的响应是及时的，其中矿物元素的蓄积分异行为也是在全球气候变化的大环境影响下发生的，如果说草地矿物元素蓄积分异行为的内动力是草地植物本身的矿元素"饥饿效应"，那么，蓄积分异行为的外动力之一就是全球气候变化，即在全球气候变化的大环境影响下，草地植物中矿物元素在"饥饿效应"驱动下发生了蓄积分异行为，也可以说，全球气候变化是草地矿物元素蓄积分异行为的重要条件之一，是草地矿物元素蓄积分异行为的外部驱动力之一。

在气温增加、降水减少等干旱化气候变化的环境影响下，草地植物的生长发育期受干扰，进而影响了草地植物的株高、盖度和地上生物量，按照矿物元素"饥饿效应"假说，在干旱化气候变化的自然因素影响下驱使草地植物中矿物元素蓄积分异，即气候变化是矿物元素蓄积分异行为发生的充分条件，是外动力之一。因此，青海湖北岸草地中矿物元素蓄积分异行为的外动力之一就是全球气候变化。

9.3　人类活动干扰下草地矿物元素的蓄积分异行为

青海湖流域的自然环境特征对流域人类的各项活动和生产方式形成等有着重

要影响。1949 年以前，青海湖流域基本上以原始的高寒草地畜牧业为主，以天然草地放牧、逐水草而居的游牧生活。中华人民共和国成立以来，尤其是改革开放 30 年来，随着社会生产力发展和生产关系的变革，流域内畜牧业、种植业、渔业和旅游业等有了长足发展，青藏公路和青藏铁路横贯其中，人类活动日益频繁。

随着人口增长以及对资源需求的增加，青海湖流域植被受到不同程度的破坏，天然草地的退化现象十分严重。20 世纪 50 年代初期，湖区是绿草繁茂，优良牧草丰富的天然草场，如今，草地退化已成了普遍现象，低产草地面积占有相当比例且呈现增加趋势，退化草地的植被盖度显著下降。受自然环境条件的影响，青海湖流域草地生态系统属于极不稳定的脆弱生态系统，极易受到外部自然环境变化和人为扰动的影响而导致破坏。放牧草地长期的超载过牧，对草地自我恢复能力和繁育能力造成巨大压力，草地初级生产力下降，植被退化，盖度降低，严重影响了草地畜牧业生产，加剧了已经显得十分突出的畜草矛盾。随着可食牧草比例下降而杂毒草比例上升，草地生产力明显下降，最终导致天然草地的严重退化[135~142]。其次，人们对于野生植物的滥采乱伐，也会造成天然植被的严重破坏。以前，为满足生活用柴的需要，农牧民大量采伐具鳞水柏枝和沙棘等河谷灌丛植物，为经济利益驱动，大量滥伐麻黄等药用植物和其他经济植物，不仅造成原生植被类群生物多样性降低，而且造成原有群落结构稳定性的下降，最终导致天然植被的破坏。再次，20 世纪 50 年代以后，青藏公路、青新公路、青藏铁路建设和光缆干线的铺设，以及 50 年代"牧业大寨"运动中，揭挖草皮修建"草库伦"（围栏）和棚圈，草原大面积受到破坏，形成次生裸地[2]。可见，超载过牧、滥采乱伐、工程建设等人类活动的扰动也是天然草地退化的重要原因之一。

在超载过牧、滥采乱伐、工程建设等人类活动的干扰影响下，青海湖北岸草地植被破坏严重，草场退化，草地生产力明显下降，植被群落特征表明，青海湖北岸各类型退化草地较封育草地中植物平均株高降低、盖度降低、地上生物量减小，其中矿物元素具有明显的蓄积分异行为，且矿物元素与株高具有负相关性等一系列显著特征。从各类型退化草地优势种植物、种群结构、群落组成到土壤结构、理化性质等都与人类活动的扰动相关，可以说，在人类活动干扰影响下，青海湖北岸各类型草地退化十分严重，其中矿物元素的蓄积分异行为也是在人类活动干扰影响下发生的，如果说草地矿物元素蓄积分异行为的内动力是草地植物本身的矿物元素"饥饿效应"，那么，人类活动干扰又是矿物元素蓄积分异行为的外动力之一，即在人类活动干扰的大环境影响下，草地植物中矿物元素在"饥饿效应"驱动下发生了蓄积分异行为，也可以说，人类活动干扰是草地矿物元素蓄积分异行为的重要条件之一，是草地矿物元素蓄积分异行为的外部驱动力之一。

青海湖北岸各类型草地中，人类活动的对于温性草原类芨芨草草原的影响最大，尤其是人为开垦。加上主要优势种芨芨草的分布于地下水位有关，即根系分布的深度随着地下水位的升降而变化，芨芨草被当作牧业区寻找水源、打井的指示植物[32]。三角城种羊场等位于芨芨草草原分布区，由于开垦、超载过牧等不合理利用，使原本脆弱的草地生态系统更加脆弱，温性干草原遭受严重破坏，草场面积急剧减少，致使土地生产力下降，物物种多样性大量丧失[34,36,37]。其次，人类活动对于高寒草原类紫花针茅型草原的影响，由于紫花针茅草原集中分布于湖北部和西北部海拔 3300～3600 m 的山地阳坡，群落的种类组成简单，牧草的耐牧性较差，已成为超载过牧的重点区域之一。该区域草地曾大面积开垦为农田，垦后又因为不适应于耕作而弃耕，目前自然恢复较好。但该区域由于降水量少，蒸发量大，生态环境质量较差。再次，人类活动对高寒草甸草地的影响，由于高寒草甸草地主要分布于海拔 3200～4100 m 的山地、滩地和宽谷，由耐寒的多年生草本为主形成的一种草地类型，优势种植物明显，地表植被盖度大，牧草低矮生长期短，产草量较低，草地生产力属中等水平。该区域有的地段因长期过度放牧以及鼠害影响，草地植物种类常出现杂草花现象，出现"黑土滩"退化草地[138～143]。

青海湖北岸各类型草地因受到人类活动干扰的程度不同，各类型草地植被退化的程度也有差异，表现在人类活动干扰影响对草地矿物元素蓄积分异能力的高低不同，青海湖北岸草地中矿物元素空间分布格局看：自南至北随着海拔高度的增加而增加，而同一草地类型的退化草地较封育草地中矿物元素的蓄积具有降低的趋势。即随着海拔高度的增加草地受人类活动的干扰依次减小，相应草地中矿物元素的蓄积量降低。即草地矿物元素蓄积分异行为既反映了该草地受人类活动干扰影响而退化的程度，又反映了草地生态系统演替的进程，草地矿物元素蓄积分异行为是草地生态系统演替的及时响应，而人类活动又是草地矿物元素蓄积分异行为的重要的外动力之一。

青海湖北岸草地生态系统演替、草场退化、生态环境演变是全球气候变化等自然因素和超载过牧等人类活动综合作用的结果。气候变化是草地退化、生态环境演变的主导因素，而人类活动的干扰则是近 30 年来草地退化、生态环境演变的催化和诱导因素。青藏高原的隆升以及全球气候变化对于生态环境的影响是在漫长地质历史演变过程中形成的，有相对的稳定性，影响生态环境整体的基本格局；而人类活动的扰动对于生态环境的影响是跳跃、波动和不稳定的，其结果也是难以预测的[10,11]。随着经济社会的快速发展，人类活动将进一步加强，对生态环境所产生的新矛盾和环境压力也将增加。因此，青海湖北岸各种人类活动对草地生态系统演替的外部驱动力作用不可忽视。

9.4 结论

全球气候变化是青海湖北岸草地中矿物元素蓄积分异行为发生的外动力之一。在气温增加、降水减少等干旱化气候变化的环境影响下，草地植物的生长发育期受干扰，进而影响草地植物本身的株高、植被的盖度以及地上生物量，草地生产力等，按照矿物元素"饥饿效应"假说，在干旱化气候变化的外部自然环境因素影响下，驱使草地植物中矿物元素蓄积分异，即全球气候变化是矿物元素蓄积分异行为发生的重要的外动力之一。

在超载过牧、滥采乱伐、工程建设等人类活动的干扰影响下，青海湖北岸草地植被破坏严重，草场退化，草地生产力明显下降。即人类活动的干扰是草地退化的重要原因之一，而退化草地中矿物元素的蓄积分异行为也可以说是在人类活动干扰下发生。进一步说草地矿物元素蓄积分异行为的内动力是草地植物本身的矿物元素"饥饿效应"，那么，人类活动干扰则是矿物元素蓄积分异行为发生的外部环境驱动动力之一，即人类活动干扰是草地矿物元素蓄积分异行为的外部环境条件之一，或者说人类活动干扰是草地矿物元素蓄积分异行为发生的重要的外动力之一。

10 | 矿物元素蓄积分异行为的数学模型

10.1 问题提出

青海湖北岸各类型草地中矿物元素蓄积分异行为是草地生态系统演替的及时响应,矿物元素蓄积分异行为的内动力是草地植物本身的矿物元素"饥饿效应",而全球气候变化和人类活动干扰是矿物元素蓄积分异行为的外动力。草地矿物元素在内外动力的驱动下对于草地演替进程的响应过程能在理想状态下用数学模型进行表述吗?

草地演替进程中矿物元素的蓄积分异行为,类似于物理学电子线路中的过渡过程,退化草地演替和封育草地演替进程中矿物元素蓄积分异行为,相似于电子线路中含有 LC 等储能元件的情况下,换路后需要一段时间来过渡,即矿物元素的蓄积分异行为类似于电路的过渡过程。因此可采用类比的方法建立矿物元素蓄积分异行为的数学模型(数学物理方程的求解过程略)。

10.2 含有 LC 等储能元件的过渡过程

在电子线路中对于电路的接通、断开,电路参数的突然变化,激励信号的接入与消失等,电路就要从一个稳定状态变化到另一个稳定状态,这种引起电路稳定状态改变的电路变动称为换路。电子线路中含有 LC 等储能元件换路后,电路状态的改变不能跳跃式完成,因为任何电路都有周围的电磁场与之相联系,电压或电流的任何改变,必然伴随着电磁场能量的改变。如果电压或电流发生跃变,也就意味着电磁场能量发生跃变,能量的跃变表示功率为无穷大,也就是要求信号源能提供无限大的功率,这当然在实际上是不可能的,因此,换路时电路中电压和电流只能连续地改变而不可能是跃变的[133,134]。同样,封育或退化时矿物元素的蓄积分异行为是连续的，不可能产生跃变。封育或退化演替类似于电路中换路，矿物元素的蓄积分异行为类似于电路中电压或电流，二系统的相似性易于数学模型的建立。

换路是产生过渡过程的外因，而电路中电感、电容等储能元件的存在是产生过渡过程的内因。封育、退化时草地中矿物元素蓄积分异的外动力，而草地植物本身的矿物元素"饥饿效应"是其内动力。根据电路参数的性能方程，当电路中包括有电容和电感时，电路方程是一个常系数线性微分方程，因此求解过渡过程在数学上是一个微分方程的求解问题。

以 RC 电路与直流信号的接通为例 $[u_c(0)=0]$：

$$u_c + u_R = E$$

因为 $\quad i = C\dfrac{\mathrm{d}u}{\mathrm{d}t}$，$u_R = iR = RC\dfrac{\mathrm{d}u}{\mathrm{d}t}$

故 $\quad RC\dfrac{\mathrm{d}u}{\mathrm{d}t} + u = E$ $\hfill$ (10-1)

则 $\quad u = E[1 - \exp(-\dfrac{t}{RC})] \qquad t \geqslant 0$ $\hfill$ (10-2)

充电 $\quad u = E[1 - \exp(-\dfrac{t}{RC})]$

放电 $\quad u = E\exp(-\dfrac{t}{RC})$

可见，一个是稳态分量 E，称为电路的稳态响应；另一个分量是 $E\exp(-\dfrac{t}{RC})$，它是随时间而指数衰减的，称为电路的暂态响应。这两部分的合成为电路的完全响应[131,132]。

$$U_{出}(t) \approx RC\dfrac{\mathrm{d}u}{\mathrm{d}t} \qquad (10\text{-}3)$$

在脉冲技术中常用尖脉冲作为触发讯号，利用微分电路可以把矩形波变为尖脉冲。RC 微分电路如图 10-1，若输入端输入一个幅度为 E，宽度为 T 的矩形波 $u_入$，如图 10-2。由于电容的端电压不可能突变，当 $u_入$ 从 0 阶跃到 E 时，C 充电；而当 $u_入$ 从 E 阶跃到 0 时，C 放电。R 上的电压降，即输出电压也随之变化，表明输出电压与输入电压的微商近似成正比。

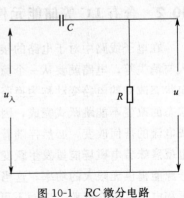

图 10-1　RC 微分电路

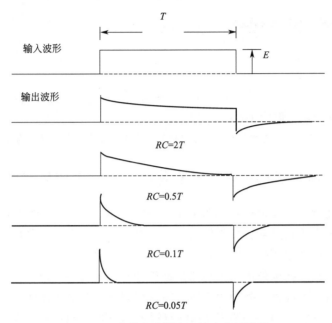

图 10-2　微分电路输入和输出电压波形

10.3　退化演替进程中矿物元素蓄积分异行为的数学模型

青海湖北岸退化草地植物中矿物元素具有蓄积分异性，且草地矿物元素具有与地形地貌一致的空间分布格局，而青海湖北岸封育草地矿物元素具有随封育时间的增加而降低的时间分布格局，则退化相对于封育草地来说，其中矿物元素具有随退化演替封育时间的增加而增加的时间分布格局（图 10-3）。结合草地中矿物元素含量与株高负相关等特征，认为退化草地中矿物元素蓄积分异行为的内动力是草地植物本身的矿物元素的"饥饿效应"，而全球气候变化和人类活动干扰等外部因素则是蓄积分异行为的外动力，综合草地矿物元素蓄积分异行为的各种内外动力作用，在理想状态下，青海湖北岸退化草地中矿物元素蓄积分异行为是一个随演替时间增加而指数增加的数学模型。与 RC 微分电路类比，引起矿物元素"饥饿效应"的植物本身类似于 RC 电路中储能元件 C，而驱使蓄积分异行为的外动力类似于电路中输入的激励电压，则退化演替进程中矿物元素蓄积分异行为的数学模型类似于充电过程。

退化演替进程　$C_{退}(t) = C_b[1 - \exp(-\alpha t)]$ 　　　　(10-4)

式中，α 为退化演替系数（年）；t 为退化时间（年）；C_b 为退化草地中矿物元素极值。

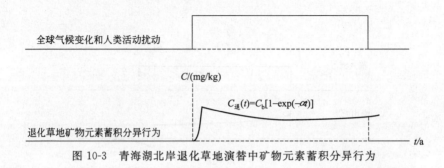

图 10-3　青海湖北岸退化草地演替中矿物元素蓄积分异行为

10.4　封育演替进程中矿物元素蓄积分异行为的数学模型

青海湖北岸封育草地矿物元素具有随封育时间的增加而降低的时间分布格局，结合草地中矿物元素含量与株高负相关等特征，认为封育草地中矿物元素蓄积分异行为的内动力还是草地植物本身的矿物元素的"饥饿效应"，而全球气候变化和人类活动干扰等外部因素仍然是蓄积分异行为的外动力，综合草地矿物元素蓄积分异行为的各种内外动力作用，在理想状态下，青海湖北岸封育草地中矿物元素蓄积分异行为是一个随演替时间增加而指数减小的数学模型（图 10-4）。同样与 RC 微分电路类比，引起矿物元素"饥饿效应"的植物本身类似于 RC 电路中储能元件 C，而驱使蓄积分异行为的外动力类似于电路中输入的激励电压，则封育演替进程中矿物元素蓄积分异行为的数学模型类似于放电过程。

$$封育演替进程 \quad C_{封}(t) = C_b \exp(-\beta t) \tag{10-5}$$

式中，β 为封育演替系数（年），t 为封育时间（年）；C_b 为封育草地中矿物元素极值。

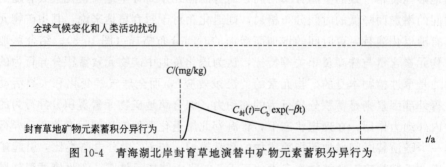

图 10-4　青海湖北岸封育草地演替中矿物元素蓄积分异行为

10.5　结论

与 RC 微分电路类比，退化演替进程中矿物元素蓄积分异行为的数学模型类似于充电过程，即退化演替进程中：$C_{退}(t) = C_b[1 - \exp(-\alpha t)]$。

同样与 RC 微分电路类比，封育演替进程中矿物元素蓄积分异行为的数学模型类似于放电过程，即封育演替进程中：$C_{封}(t) = C_b \exp(-\beta t)$。

11 | 作物种植试验

11.1　问题提出

　　青海湖北岸草地矿物元素具有与地形地貌相一致的空间分布格局，a. 可能与区域地质特征、区域内地质构造活动和地球化学背景等有关；b. 可能与青海湖北岸典型的垂直变化明显的气候特征有关；c. 也可能与草地矿物元素的"饥饿效应"有关。根据青海湖北岸草地植物中矿物元素含量与株高之间具有负相关性的特征，低海拔区相对于较高海拔区有比较充足的水分、太阳辐射和温度有利于植物生长的气候条件，因而形成了植物株高和地上生物量也随着海拔的增加而减小的空间分布格局，根据生物矿物元素的"饥饿效应"假说理论，高海拔地区相对处于生长封育劣势的草地植物因矿物元素营养的"饥饿"状态而蓄积，即在垂直变化的气候影响下，草地植物因矿物元素的"饥饿效应"，形成了草地矿物元素与地形地貌相一致的空间分布格局。青海湖北岸草地中矿物元素独特的空间分布格局的成因是什么？其作用机理呢？

　　以草地植物中矿物元素铁为例，铁元素是植物叶绿体发育和光合作用的重要营养成分，在植物呼吸作用中起重要作用的细胞色素也是由铁卟啉与蛋白质结合而成。在植物体内不同的含铁蛋白构成了电子传递体系，参与光合作用、呼吸作用、硝酸还原作用、生物固氮作用等许多重要的生理代谢过程[22~24]。青海湖北岸草地植物中铁元素含量随着海拔高度的增加而增加，铁在植物体内的功能作用是什么？空气中氧含量随着海拔高度的增加而减少，根据植物中铁元素参与氧的转运和利用的特性，则草地植物中铁含量随海拔高度的增加而增加，是否意味着铁元素具有抗缺氧的功能作用？即发现高原植物中矿物元素铁具有抗高原低氧的新功能作用。

11.2 材料与方法

11.2.1 样地选择

试验样地位于青海省西宁市南北的拉脊山、大坂山地区,按照海拔高度的变化进行高原作物栽培试验;采集拉脊山、大坂山地区各海拔高度下栽培试验用土壤,并在西宁地区条件下进行高原植物作物户外盆栽试验。

达坂山:位于青海湖东北部海北州的祁连山系东段支脉,在大通河与湟水之间,北以门源盆地为界,西北-东南走向,长约 200 km,宽约 15～30 km,海拔 3500～4000m。降水较多,地貌外营力以流水作用为主,地面切割强烈,沟壑纵横。

拉脊山:位于青海湖东南部海南州的祁连山系东段最南面的一条支脉,为黄河干流及其支流湟水的分水岭,是一条从西北向东南延伸的条形断块山,东西长约 170 km,宽约 10 km,海拔 3500～4000 m。年降水量 400～500 mm,植被条件较好,高山草甸带是优良牧场。各样地地理位置见图 11-1～图 11-3。

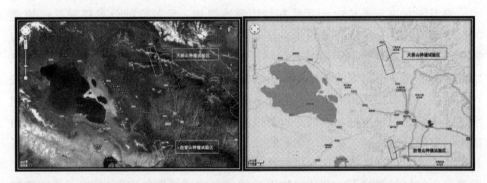

图 11-1 青海西宁南北的拉脊山和大坂山试验样地位置

图 11-2 祁连山脉大坂山试验样地位置　　图 11-3 祁连山脉拉脊山试验样地位置

11.2.2　试验材料

研究选用适宜于青海高原环境条件下生长的禾本科作物——青稞（*Hordeum vugare L. var nudum Hook. F.*）、根茎类作物——胡萝卜（*Daucus carota L. var. sativa DC*）作为试验材料，青稞是青海省内种植最久、分布范围最广的粮食作物，也是最主要的杂粮作物。青稞是喜凉作物，具有早熟性、耐寒性、耐阴性和抗盐碱性等特点，具有对水肥反映的敏感性和吸收的集中性，在耕作改制和生态适应性方面具有独特优势，青稞选用门农 1 号品种。胡萝卜又称红萝卜，属伞形科胡萝卜属野胡萝卜中胡萝卜变种，两年生草本植物，胡萝卜喜凉爽环境条件，病虫害少，适应性极广，各地均可栽培。以上二作物生长期短、易于高原极端环境下栽培等显著优势，具有典型性、代表性，也是高寒、干旱、缺氧和强紫外线辐射等高原极端环境下进行青海高原植物研究的理想试验材料。

11.2.3　种植试验与样品采集

2009 年 5 月下旬、2010 年 5 月下旬分别于青海海北的大坂山、海南的拉脊山地区，按照海拔高度的变化选择适宜小样地（1.0m×1.0m）分别垦地种植青稞和胡萝卜，并采集当地土壤 10 kg 用于西宁盆栽种植相同品种的青稞和胡萝卜等试验。

2009 年 8 月下旬、2010 年 8 月下旬分别采集大坂山、拉脊山各海拔高度种植试验以及西宁盆栽试验的青稞、胡萝卜等作物和土壤样品，每一样地内各种样品分别采集 3 份为重复，阴干，保存备用。

11.2.4　元素分析与数据处理

同 4.2.3。

11.3　结果与讨论

11.3.1　大坂山地区作物种植试验

（1）种植青稞中矿物元素的空间分布格局

大坂山种植青稞中矿物元素具有随海拔高度增加而增加的特征，即具有与地形地貌相一致的空间分布格局（图 11-4～图 11-7）。

如 2009 年种植青稞试验中 Mn 的分布（图 11-5），自海拔 2920 m、3562 m、3574 m、3597 m，种植青稞中 Mn 分别为 81.1 mg/kg、109.7 mg/kg、723.2 mg/kg、787.8 mg/kg，海拔高度增加了 677 m，而 Mn 增加了 871.4%，随着海

拔高度的增加矿物元素的增加十分明显。可见,青海湖北岸草地矿物元素具有与地形地貌相一致的空间分布格局这种有趣的自然现象,同样适用于相距 200 km 多的大坂山地区的禾本科种植作物青稞,即不仅在青海湖北岸的草地植物中矿物元素具有这种分布规律,而且在青藏高原的高寒草甸地区的种植作物也具有相同的分布规律。更重要的是不论草地植物,还是种植作物,也具有相同的矿物元素分布格局,提示:该自然现象可能具有普遍性,即青海湖北岸草地植物中矿物元素具有与地形地貌相一致的空间分布格局的结论,可以进一步推广为:青藏高原植物中矿物元素具有与地形地貌相一致的空间分布格局。

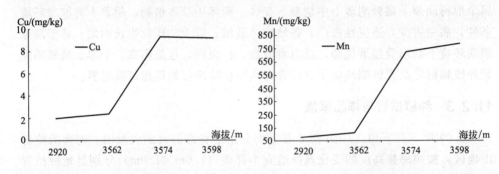

图 11-4　大坂山 2009 年种植青稞中 Cu 的分布　图 11-5　大坂山 2009 年种植青稞中 Mn 的分布

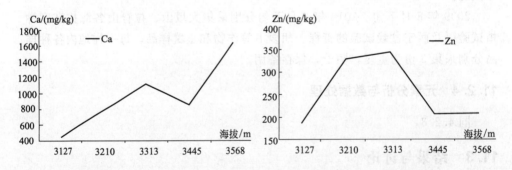

图 11-6　大坂山 2010 年种植青稞中 Ca 的分布　图 11-7　大坂山 2010 年种植青稞中 Zn 的分布

需要说明的是种植试验中选用的作物青稞,虽然具有早熟性、耐寒性,并适宜于高原地区栽培种植,但是试验中具有明显海拔梯度的样地已在作物适宜种植区的海拔高度以上,因此,在 3 个月的试验生长期内,种植作物青稞的生长发育期不够,而且试验区昼夜温差大,地面积温较低,故种植作物青稞尚未成熟,可能对试验结果有一定影响。同时,在高海拔尚未开垦的草甸区进行作物种植试验,因作物不能适应种植试验环境,加上试验中缺乏必要的水、肥等营养补充措施,作物的生长发育受限,故对试验结果有影响是难免的。如矿物元素 Zn 在植物体内，对多种酶起调节、稳定和催化的作用。锌既是酶的成分，也作为酶结构和功能的调节因子，影响植物体内的蛋白质、核酸和激素代谢，以及光合作用和呼吸作用。而植物对锌的吸收是主动过程，低温时植物对锌的吸收量明显减少，如 2010 年试验种植青稞中 Zn 的空间分布，海拔 3445 m 以上的种植青稞中 Zn 含量降低，可能与高海拔处的低温环境有关（图 11-7）。因此，试验样地的选择，以及种植作物品种的选择，对试验结果还是有很大影响，在本试验样地选用繁育较为成熟的高寒草甸植物，则试验结果可能更为理想。

(2) 种植胡萝卜中矿物元素的空间分布格局

大坂山种植胡萝卜中矿物元素也具有随海拔高度增加而增加的特征，即具有与地形地貌相一致的空间分布格局（图 11-8～图 11-11）。如 2010 年种植胡萝卜中 Zn 的分布（图 11-8），自海拔 3217 m、3220 m、3445 m、3568 m，种植青稞中 Zn 分别为 182.8 mg/kg、216.6 mg/kg、298.9 mg/kg、304.9 mg/kg，海拔高度增加了 351 m，而 Zn 增加了 66.8%，随着海拔高度的增加矿物元素的增加十分明显。可见，青海湖北岸草地矿物元素具有与地形地貌相一致这种空间分布格局规律性，同样适用于大坂山地区的根茎类种植作物胡萝卜，即不仅在青海湖北岸的草地植物中矿物元素具有这种分布规律，而且在青藏高原的高寒草甸地区的种植作物也具有相同的矿物元素分布规律。提示：青海湖北岸草地植物中矿物元素具有与地形地貌相一致的空间分布格局的结论具有普遍性，进一步可以说：青藏高原植物中矿物元素具有与地形地貌相一致的空间分布格局。

需要说明的还是试验中选用的作物胡萝卜，虽然适宜于高原地区栽培种植，但是试验样地已在作物适宜种植区的海拔高度以上，因此，3 个月的试验生长期对于种植作物的生长发育期是不够的，且试验区内昼夜温差大，地面积温较低，故试验种植的胡萝卜尚未成熟。同样在高海拔尚未开垦的草甸区进行作物种植试验，因作物不能适应种植试验环境，加上试验中缺乏必要的水、肥等营养补充措施，作物的生长发育受限，故对试验结果有影响是难免的。

在大坂山高海拔地区的青稞、胡萝卜种植试验中可以看出，青海湖北岸草地矿物元素具有垂直带状谱的特征，在大坂山种植作物中表现得更为明显。如 2010 年试验种植胡萝卜中矿物元素 Li、Mg 的空间分布，海拔 3210 m 以下为一条带，3445 m 以上为另一条带，可能与不同海拔处的小气候生长环境有关（图 11-10，图 11-11）。可见，青海湖北岸草地矿物元素的空间分布格局适用于大坂山地区的种植作物，而且青海湖北岸草地矿物元素的垂直带状谱特征也适用于大坂山地区的种植作物。因此，可以说青藏高原高寒草甸地区的种植作物中矿物元素同样具有垂直带状谱特征。

青海湖北岸草地植物具有矿物元素特征谱特征，同样适用于高海拔地区的种植作物。如大坂山 2010 年种植青稞中 Zn 在海拔 3445 m 以上含量降低（图 11-7），而同样地种植的胡萝卜中 Zn 与海拔之间具有正相关性（图 11-8），表明植物中矿物元素具有植物种的显著特异性。

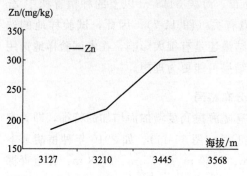

图 11-8　大坂山 2010 年种植
胡萝卜中 Zn 的分布

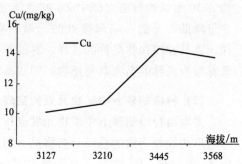

图 11-9　大坂山 2010 年种植
胡萝卜中 Cu 的分布

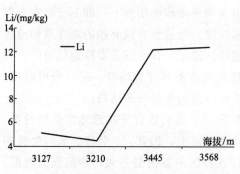

图 11-10　大坂山 2010 年种
植胡萝卜中 Li 的分布

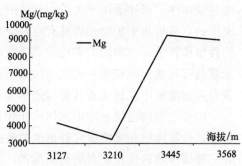

图 11-11　大坂山 2010 年种植
胡萝卜中 Mg 的分布

(3) 大坂山典型植物中矿物元素的空间分布格局

大坂山典型植物中矿物元素也具有随海拔高度增加而增加的特征，即具有与地形地貌相一致的空间分布格局（图 11-12～图 11-15）。如密花香薷中 Cu 的分布（图 11-12），自海拔 2817 m、3113 m、3179 m，其中 Cu 分别为 7.322 mg/kg、10.23 mg/kg、13.06 mg/kg，海拔高度增加了 362 m，而 Cu 含量增加了 78.4%；金露梅中 Na 的分布（图 11-15），自海拔 3308 m、3562 m、3598 m，其中 Na 分别为 526.7 mg/kg、551.3 mg/kg、929.9 mg/kg，海拔高度增加了 290 m，而 Na 含量增加了 76.6%，随着海拔高度的增加矿物元素含量增加十分明显。可见，青海湖北岸草地中矿物元素的空间分布格局，也适用于大坂山地区的典型植物，即不仅在青海湖北岸的草地植物中矿物元素具有与地形地貌相一致的分布规律，而且在青藏高原的高寒草甸地区的典型植物中同样具有相同的分布规律。提示：青藏高原植物中矿物元素也具有与地形地貌相一致的空间分布格局。

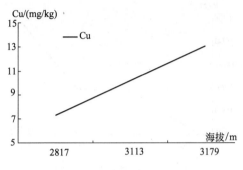

图 11-12　大坂山密花香薷中 Cu 的分布

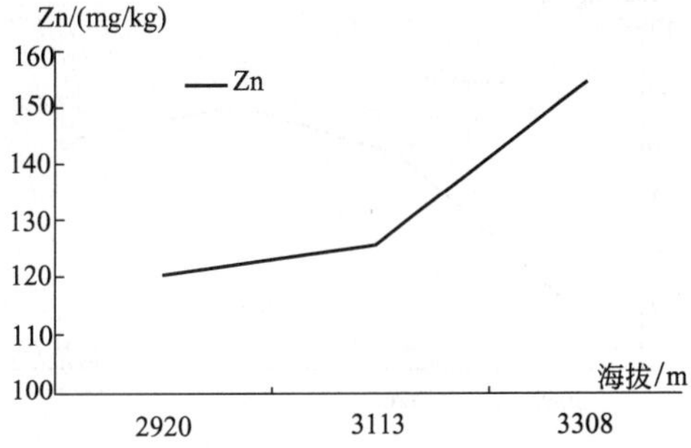

图 11-13　大坂山委陵菜中 Zn 的分布

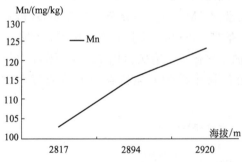

图 11-14　大坂山酸模中 Mn 的分布

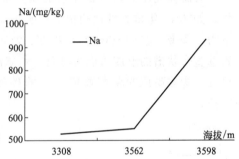

图 11-15　大坂山金露梅中 Na 的分布

11.3.2　拉脊山地区作物种植试验

(1) 种植青稞中矿物元素的分布

拉脊山种植青稞中矿物元素具有随海拔高度增加而增加的特征，即具有与地形地貌相一致的空间分布格局（图 11-16～图 11-19）。如 2009 年种植青稞试验中 P 的分布（图 11-5），自海拔 3069 m、3266 m、3327 m、3461 m，种植青稞中 P 分别为 874.4 mg/kg、1170 mg/kg、1185 mg/kg、1726 mg/kg，海拔高度增加了 392 m，而 P 增加了 97.4%，随着海拔高度的增加矿物元素的增加十分明显。可见，青海湖北岸草地矿物元素具有与地形地貌相一致的这种空间分布格局，同样适用于拉脊山地区的种植作物青稞，即不仅在青海湖北岸的草地植物中矿物元素具有与地形地貌相一致的分布规律，而且在青藏高原的高寒草甸地区的种植作物中矿物元素具有同样的分布规律。提示：青海湖北岸草地植物中矿物元素具有与地形地貌相一致的空间分布格局的结论，进一步说：青藏高原植物中矿物元素具有与地形地貌相一致的空间分布格局。

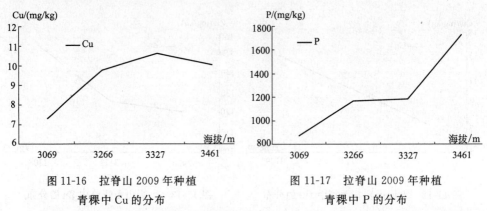

图 11-16　拉脊山 2009 年种植　　　　图 11-17　拉脊山 2009 年种植
　　　　青稞中 Cu 的分布　　　　　　　　　　青稞中 P 的分布

　　青海湖北岸草地矿物元素的垂直带状谱特征也适用于拉脊山地区的种植作物。如 2010 年试验种植胡萝卜中矿物元素 P、Mg 的空间分布，海拔 3450 m 以下为一条带，3450～3600 m 之间上为一条带，3600m 以上又为一条带，矿物元素垂直带状谱的形成可能与垂直条带状的小气候环境有关（图 11-18，图11-19）。可见，青藏高原的高寒草甸地区的种植作物中矿物元素同样具有垂直带状谱特征。

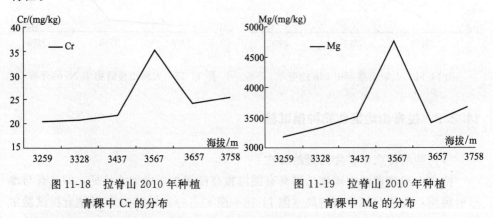

图 11-18　拉脊山 2010 年种植　　　　图 11-19　拉脊山 2010 年种植
　　　　青稞中 Cr 的分布　　　　　　　　　　青稞中 Mg 的分布

　　需要说明的是种植试验样地已在作物青稞适宜种植区的海拔高度以上，仅 3 个月的试验生长期对于种植作物青稞的生长发育期是不够的，而且高海拔的试验区昼夜温差大，地面积温较低，故试验种植的作物青稞尚未成熟，可能对试验结果有一定影响。同时，在高海拔高寒干旱而尚未开垦的草甸区进行作物种植试验，因作物不能适应种植试验环境，加上试验中缺乏必要的水、肥等营养补充措施，作物的生长发育受限，故对试验结果有影响是难免的。

（2）种植胡萝卜中矿物元素的分布

拉脊山种植作物胡萝卜中矿物元素随海拔高度增加而增加，即具有与地形地貌相一致的空间分布格局（图 11-20～图 11-23）。如 2009 年种植胡萝卜中 Cu 的分布（图 11-20），随着海拔高度增加矿物元素含量的增加十分明显。可见，青海湖北岸草地矿物元素具有与地形地貌相一致这种空间分布格局的现象，同样适用于拉脊山地区试验种植的根茎类作物胡萝卜。提示：青海湖北岸草地植物中矿物元素具有与地形地貌相一致的空间分布格局的结论具有普遍性，可以说青藏高原植物中矿物元素具有与地形地貌相一致的空间分布格局。

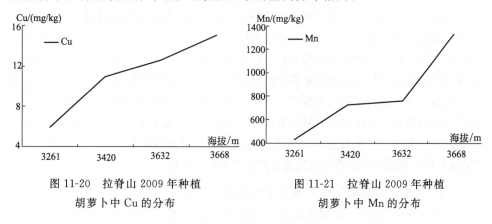

图 11-20　拉脊山 2009 年种植　　　　　图 11-21　拉脊山 2009 年种植
　　　胡萝卜中 Cu 的分布　　　　　　　　　　胡萝卜中 Mn 的分布

在拉脊山高海拔地区的作物种植试验中可见，拉脊山种植作物中矿物元素具有垂直带状谱的特征。如 2010 年试验种植胡萝卜中矿物元素 Ca，海拔 3400 m 以下为一条带，3400～3650 m 之间为一条带，3650 m 以上又为一条带（图 11-23）。即青藏高原的高寒草甸地区的种植作物中矿物元素同样具有垂直带状谱的空间分布特征。

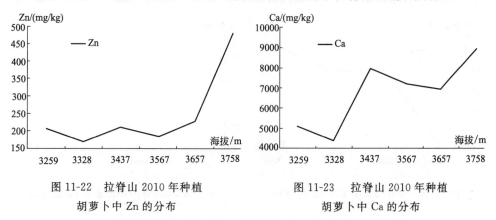

图 11-22　拉脊山 2010 年种植　　　　　图 11-23　拉脊山 2010 年种植
　　　胡萝卜中 Zn 的分布　　　　　　　　　　胡萝卜中 Ca 的分布

需要说明的是 3 个月的试验期对于种植作物胡萝卜的生长发育期是不够的，且高海拔的试验区内昼夜温差大，地面积温较低，故试验种植的胡萝卜尚未成熟。其次，在高寒干旱且尚未开垦的高海拔草甸区内进行作物种植试验，因作物尚未适应种植试验环境，加上试验中缺乏必要的水、肥等营养补充措施，作物的生长发育受限，故对试验结果有一定影响。

大坂山、拉脊山种植试验中发现，种植植物中矿物元素的分布还与种植地区的阴、阳坡有关，阳坡植物中矿物元素含量高于同海拔高度的阴坡植物，即阳坡植物中矿物元素具有蓄积性。大坂山种植试验样地位于南坡即阳坡，阳光辐射很强，气温稍高而蒸发量大，更干旱，不利于植物生长；拉脊山试验样地位于北坡即阴坡，相对于阳坡而言，阳光辐射弱一点，气温略低而蒸发量也小一点，有利于植物生长。生长于阴阳坡的天然草地植物，除了环境条件的巨大差异外，草地植物本身可能因为矿物元素的"饥饿效应"而表现出矿物元素的蓄积分异行为。因此，大坂山、拉脊山作物种植试验表明，尽管在种植试验的材料、样地选择等设计上考虑不周，但是两年的试验不仅对青海湖北岸草地矿物元素的空间分布格局和垂直带状谱特征进行了试验验证，而且将这一现象进行了进一步推广，青藏高原植物中矿物元素具有与地形地貌相一致的空间分布格局，且矿物元素具有垂直带状谱的特征。更为重要的是，种植试验对于草地矿物元素的"饥饿效应"假说理论也进行了部分试验验证，为草地矿物元素的"饥饿效应"假说理论的检验与完善提供了部分试验依据。

(3) 拉脊山典型植物中矿物元素的分布

拉脊山典型植物中矿物元素也具有随海拔高度增加而增加的特征，即具有与地形地貌相一致的空间分布格局（图 11-24～图 11-27）。如委陵菜中 Zn 的分布（图 11-24），典型植物中矿物元素随海拔高度的增加而增加的特征十分明显。可见，青海湖北岸草地中矿物元素的空间分布格局，也适用于拉脊山地区的典型植物。提示：青藏高原植物中矿物元素也具有与地形地貌相一致的空间分布格局。

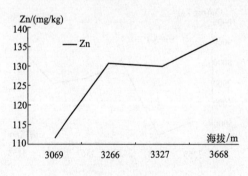

图 11-24　拉脊山委陵菜中 Zn 的分布

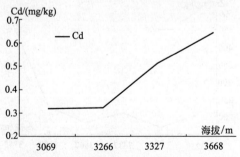

图 11-25　拉脊山委陵菜中 Cd 的分布

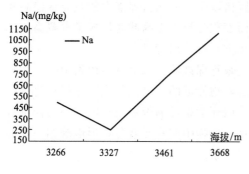

图 11-26 拉脊山金露梅中 Na 的分布

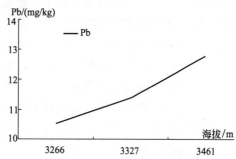

图 11-27 拉脊山伏毛山莓草中 Pb 的分布

大坂山、拉脊山作物种植试验，不仅对于青海湖北岸草地矿物元素的空间分布格局、垂直带状谱特征和"饥饿效应"假说理论进行了试验验证和进一步的推广，而且对于上述自然现象的成因解释给出了间接说明，青海湖北岸草地矿物元素与地形地貌相一致的空间分布格局，与区域地质特征、地质构造活动以及地球化学背景等地质环境可能没有相关性，而与区域内气候明显的垂直变化是否有关，通过西宁在不同海拔地区的土壤中作物盆栽试验将做进一步阐述说明。

11.3.3 不同地区土壤作物盆栽试验

（1）西宁盆栽种植青稞中矿物元素特征

西宁利用大坂山和拉脊山地区不同海拔高度的土壤盆栽种植禾本科植物青稞试验表明，西宁地区 2009 年、2010 年盆栽作物青稞中矿物元素的分布多样化，无清晰、确切的分布规律，与盆栽用大坂山或拉脊山的土壤没有直接的相关性，与各个盆栽土壤的海拔高度更无相关性（图 11-28～图 11-31），即西宁盆栽青稞中矿物元素与土壤的海拔高度变化之间的无相关性。试验提示：种植作物青稞中矿物元素的分布与其生长的土壤环境之间无直接的相关性，大坂山和拉脊山地区种植青稞中矿物元素与地形地貌相一致的空间分布格局以及垂直带状谱特征，可能主要与生长环境小气候的垂直变化有关，而与区域地质环境特征、地球化学背景等之间相关性很小，只要土壤环境中有足够的矿物元素营养，则植物生长所需的矿物元素营养通过元素之间的协同和拮抗作用，满足植物生长所需。因此，在西宁同一气候条件下，利用不同地区不同海拔高度的土壤盆栽种植青稞中矿物元素呈现出分布的多样化而无清晰、明显的规律性，即在同一气候条件下，利用不同地区的土壤盆栽种植青稞中矿物元素的特征谱是不明显或无特征谱。

青海湖北岸草地植物以及大坂山、拉脊山地区种植青稞中矿物元素的空间分布和垂直带状谱特征，与生长环境的小气候变化有关。即生长环境的小气候垂直变化是矿物元素空间分布的条件，矿物元素的"饥饿效应"是其内动力，在生长环境的小气候垂直变化的条件下，植物因摄取矿物元素营养能力的差异致使高海拔区的植物出现矿物元素"饥饿"状态而蓄积分异，也因此而形成了青藏高原草地植物中矿物元素独特的空间分布格局和垂直带状谱特征。

西宁地区利用不同地区土壤的作物盆栽青稞试验，既对草地植物中矿物元素空间分布格局进行了成因解释，又对生物矿物元素的"饥饿效应"假说理论进行了间接的试验检验，特别是通过对区域矿质环境条件的否定而肯定了小气候垂直变化是成因的主要条件，较好地诠释了草地植物中矿物元素与地形地貌相一致的空间分布格局和垂直带状谱特征这一自然现象。

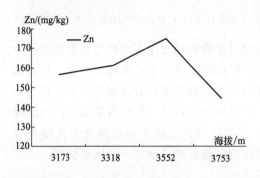

图 11-28　西宁 2009 年大坂山土壤种植青稞中 Zn 的分布

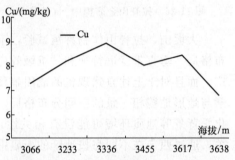

图 11-29　西宁 2009 年拉脊山土壤种植青稞中 Cu 的分布

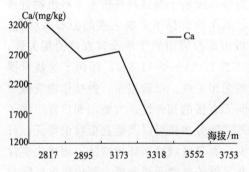

图 11-30　西宁 2010 年大坂山土壤种植青稞中 Ca 的分布

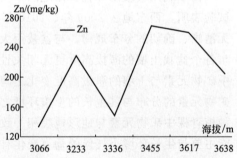

图 11-31　西宁 2010 年拉脊山土壤种植青稞中 Zn 的分布

（2）种植胡萝卜中矿物元素的特征

西宁地区 2009 年、2010 年利用大坂山和拉脊山地区不同海拔高度的土壤，盆栽种植根茎类作物胡萝卜中矿物元素的分布呈现多样化，无清晰、确切的分布规律，与盆栽所用的大坂山或拉脊山土壤没有相关性，与各个盆栽土壤的海拔高度更无相关性（图 11-32～图 11-35），即西宁盆栽胡萝卜中矿物元素与土壤的海拔高度变化之间的无相关性。试验提示：种植作物胡萝卜中矿物元素的分布与其生长的土壤环境之间相关性不大，而大坂山和拉脊山地区种植胡萝卜中矿物元素与地形地貌相一致的空间分布格局以及垂直带状谱特征，可能主要与生长环境小气候的垂直变化有关，与区域地质环境特征、地球化学背景等之间相关性很小，只要土壤环境中有足够的矿物元素营养，则植物生长所需的矿物元素营养通过元素之间的协同和拮抗作用，满足植物生长所需。因此，在西宁同一气候条件下，利用不同地区不同海拔高度的土壤，盆栽试验种植的胡萝卜中矿物元素的分布呈现多样化，无清晰、确切的分布规律，即在同一气候条件下，利用不同地区的土壤盆栽种植胡萝卜中矿物元素的特征谱是不明显或无特征谱。

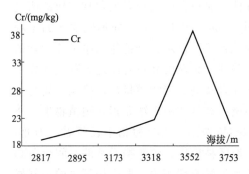

图 11-32　西宁 2010 年拉脊山土壤种植
胡萝卜中 Cr 的分布

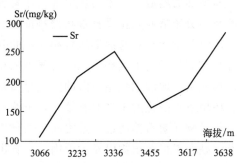

图 11-33　西宁 2009 年拉脊山土壤种植
胡萝卜中 Sr 的分布

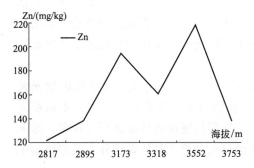

图 11-34　西宁 2010 年大坂山土壤种植
胡萝卜中 Zn 的分布

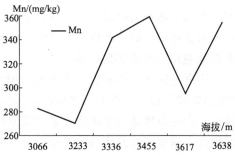

图 11-35　西宁 2010 年拉脊山土壤种植
胡萝卜中 Mn 的分布

青海湖北岸草地植物以及大坂山、拉脊山地区种植胡萝卜中矿物元素的空间分布和垂直带状谱特征，与生长环境的小气候变化有关。即生长环境的小气候垂直变化是矿物元素空间分布的条件，矿物元素的"饥饿效应"是其内动力，在生长环境的小气候垂直变化的条件下，植物因摄取矿物元素营养能力的差异致使高海拔区的植物出现矿物元素"饥饿"状态而蓄积分异，也因此而形成了青藏高原草地植物中矿物元素独特的空间分布格局和垂直带状谱特征。

西宁地区利用不同地区和不同海拔高度的土壤进行青稞、胡萝卜等作物盆栽试验，既对草地植物中矿物元素空间分布格局进行了成因解释，又对生物矿物元素的"饥饿效应"假说理论进行了间接的试验检验，特别是通过对区域矿质环境条件的否定而肯定了小气候垂直变化是成因的主要条件，较好地诠释了草地植物中矿物元素与地形地貌相一致的空间分布格局和垂直带状谱特征这一自然现象。

(3) 种植土壤中矿物元素的特征

大坂山、拉脊山地区不同海拔高度土壤中矿物元素的分布略有随海拔高度增加而增加的趋势，而未表现出种植作物青稞、胡萝卜中与地形地貌相一致的明显的空间分布格局以及垂直带状谱特征（图11-36～图11-39），即不同地区的土壤中矿物元素均具有与地形地貌相一致的变化趋势。提示：种植作物中矿物元素的分布与其生长的土壤环境之间无显著的相关性，大坂山和拉脊山地区种植作物中矿物元素与地形地貌相一致的空间分布格局以及垂直带状谱特征，可能主要与生长环境垂直变化的小气候有关，若土壤环境中有足够的矿物元素，则植物生长所需的矿物元素营养通过元素之间的协同和拮抗作用，满足植物生长所需。因此，青海湖北岸草地植物以及大坂山、拉脊山地区种植作物中矿物元素的空间分布和垂直带状谱特征，与生长环境垂直变化的小气候密切相关。即生长环境的小气候垂直变化是矿物元素空间分布的外因，植物中矿物元素的"饥饿效应"是其内因，在生长环境的小气候垂直变化的条件下，植物因摄取矿物元素营养能力的差异致使高海拔区的植物出现矿物元素"饥饿"状态而蓄积分异，年复一年，长期的植物与土壤环境的适应和地球化学循环作用下，形成了青藏高原草地植物中矿物元素独特的空间分布格局，从而也形成了不同地区的土壤中矿物元素均具有与地形地貌相一致的变化趋势。

不同地区土壤中矿物元素与地形地貌相一致的变化趋势，对生物矿物元素"饥饿效应"假说理论的再次检验，高海拔植物较土壤中更多的矿物元素蓄积分异性，也是草地植物中矿物元素"饥饿效应"假说理论的再次解释与证明，即不同地区土壤中矿物元素与地形地貌相一致的变化趋势，较好地诠释了草地植物中矿物元素"饥饿效应"假说理论。

不同地区土壤中矿物元素与地形地貌相一致的变化趋势，提示：土壤中矿物元素蓄积分异的内动力是土壤中植物、微生物等生命体，土壤与植物之间相互依存、相互适应，通过矿物元素的生物地球化学循环作用，共同创造了丰富多彩的生命体世界。因此，土壤与植物一样，也具有生命力，其中各种矿物元素时时处处都在进行着复杂多样的运动和变化，犹如一个庞大的生命体，为在其土壤环境中的植物、动物和微生物等生命体源源不断地提供着丰富的矿物元素营养。

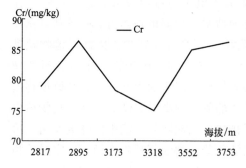

图 11-36 大坂山土壤中 Cr 的分布

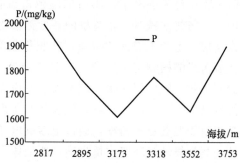

图 11-37 大坂山土壤中 P 的分布

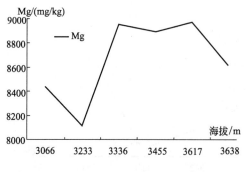

图 11-38 拉脊山土壤中 Mg 的分布

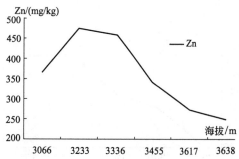

图 11-39 拉脊山土壤中 Zn 的分布

11.3.4 种植作物中矿物元素铁的分布特征

(1) 大坂山地区种植青稞和胡萝卜中矿物元素铁的分布

大坂山地区 2009 年、2010 年在不同海拔高度下，种植作物青稞和胡萝卜中矿物元素铁具有随着海拔高度的增加而增加的空间分布格局（图 11-40～图 11-41）。试验提示：大坂山地区种植青稞和胡萝卜中矿物元素铁具有与地形地貌相一致的空间分布格局以及垂直带状谱特征。可见，青海湖北岸草地矿物元素具有与地形地貌相一致的空间分布格局这种有趣的自然现象，同样适用于大坂山种植作物青稞和胡萝卜中矿物元素铁。提示：青藏高原植物中矿物元素铁具有与地形地貌相一致的空间分布格局。

在植物体内，不同的含铁蛋白构成了电子传递体系，参与光合作用、呼吸作用、硝酸还原作用、生物固氮作用和三羧酸循环等许多重要的生理代谢过程。在呼吸作用中，铁作为细胞色素、细胞色素氧化酶、过氧化氢酶和过氧化物酶的成分，一般位于这些酶结构的活性部位。细胞色素通过铁的氧化还原变化，传递代谢过程中释放的电子，再由细胞色素氧化酶将电子传递给氧分子，完成呼吸作用。当植物缺铁时，相关酶的活性都会受到抑制，减弱植物体内的一系列氧化还原反应，电子不能正常传递，呼吸作用受阻，ATP 合成减少。因此，植物缺铁会显著影响植物生长发育及产量。随着海拔高度增加，由于空气中氧分量的减少，植物呼吸作用受阻。植物为了适应高海拔地区缺氧的大气环境，高原植物迫使自己加强呼吸，为了得到生理代谢所需要的氧，则高海拔缺氧地区的植物体内必需蓄积储备更多的铁，通过更多的电子传递，完成缺氧环境中的呼吸作用。可见，高海拔缺氧环境中植物通过增加体内铁营养，增强其呼吸作用，以完成植物体本身正常的生理代谢功能，实现植物体正常的生长发育。因此，随着海拔高度增加植物体内铁营养蓄积增加的现象，提示：高原植物体中铁营养具有抗缺氧功能。

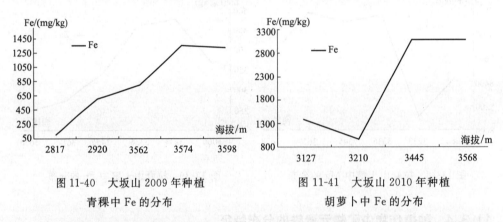

图 11-40　大坂山 2009 年种植　　　　图 11-41　大坂山 2010 年种植
青稞中 Fe 的分布　　　　　　　　胡萝卜中 Fe 的分布

大坂山地区种植青稞和胡萝卜中矿物元素铁的空间分布，与生长环境垂直变化的小气候有关。即生长环境的小气候垂直变化是高原植物体中铁元素形成空间分布的条件，而环境中缺氧致使铁元素的"饥饿效应"是其内动力，高原缺氧环境下因呼吸作用的增强驱使高海拔植物中出现铁营养的"饥饿"状态而蓄积分异，因此，高原植物中矿物元素铁具有抗缺氧新功能。

（2）拉脊山地区种植青稞和胡萝卜中矿物元素铁的分布

拉脊山地区 2009 年、2010 年在不同海拔高度下，种植作物青稞和胡萝卜中矿物元素铁具有随着海拔高度的增加而增加的空间分布格局（图 11-42～图 11-45）。即拉脊山地区种植青稞和胡萝卜中矿物元素铁具有与地形地貌相一致的空间分布格局以及垂直带状谱特征。提示：青藏高原植物中矿物元素铁具有与地形地貌相一致的空间分布格局。随着海拔高度增加，由于空气中氧分量的减少，植物呼吸作用受阻。植物为了适应高海拔地区缺氧的大气环境，高原植物迫使自己加强呼吸，为了得到生理代谢所需要的氧，则高海拔缺氧地区的植物体内必需蓄积储备更多的铁，通过更多的电子传递，完成缺氧环境中的呼吸作用。可见，高海拔缺氧环境中植物通过增加体内铁营养，增强其呼吸作用，以完成植物体本身正常的生理代谢功能，实现植物体正常的生长发育。因此，随着海拔高度增加植物体内铁营养蓄积增加的现象，提示：高原植物体中铁营养具有抗缺氧功能。

拉脊山地区种植青稞和胡萝卜中矿物元素铁的空间分布，与生长环境垂直变化的小气候有关。即生长环境的小气候垂直变化是高原植物体中铁元素形成空间分布的条件，而环境中缺氧致使铁元素的"饥饿效应"是其内动力，高原缺氧环境下因呼吸作用的增强驱使高海拔植物中出现铁营养的"饥饿"状态而蓄积分异，因此，高原植物中矿物元素铁具有抗缺氧新功能。

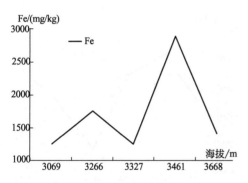

图 11-42　拉脊山 2009 年种植青稞中 Fe 的分布

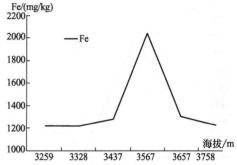

图 11-43　拉脊山 2010 年种植青稞中 Fe 的分布

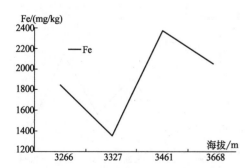

图 11-44　拉脊山 2009 年种植胡萝卜中 Fe 的分布

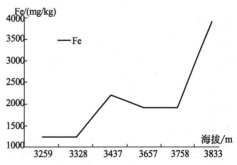

图 11-45　拉脊山 2010 年种植胡萝卜中 Fe 的分布

（3）西宁利用不同地区土壤盆栽种植青稞和胡萝卜中铁的分布

西宁利用大坂山和拉脊山地区不同海拔高度的土壤盆栽种植作物青稞和胡萝卜试验表明，2009 年、2010 年大坂山土壤中种植作物青稞中铁的分布均无清晰、确切的分布规律（图 11-46、图 11-47），而用拉脊山地区土壤种植的青稞和胡萝卜中铁的分布略有随海拔高度增加而增加的变化趋势（图 11-48～图 11-51）。即在西宁同一气候条件下，利用不同地区不同海拔高度的土壤盆栽种植青稞和胡萝卜中铁元素分布，远不及大坂山、拉脊山种植青稞和胡萝卜中铁元素清晰、明显的空间分布的规律性。提示：大坂山、拉脊山种植青稞和胡萝卜中铁元素的空间分布格局与垂直变化的小气候有关，其中铁元素随着海拔高度的增加而增加，与高海拔处氧分量减小，植物呼吸作用增强有关，即高原植物中铁元素可能具有抗缺氧功能作用。

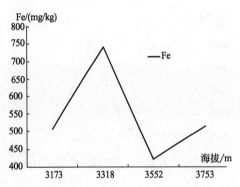

图 11-46　西宁 2009 年在大坂山
土壤种植青稞中 Fe 的分布

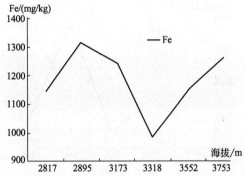

图 11-47　西宁 2010 年在大坂山
土壤种植青稞中 Fe 的分布

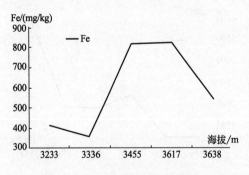

图 11-48　西宁 2009 年在拉脊山
土壤种植青稞中 Fe 的分布

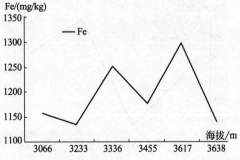

图 11-49　西宁 2010 年在拉脊山
土壤种植青稞中 Fe 的分布

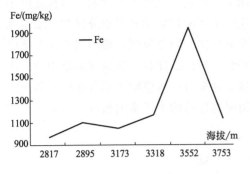

图 11-50　西宁 2010 年在大坂山
土壤种植胡萝卜中 Fe 的分布

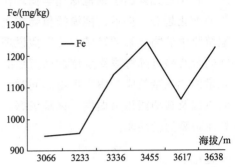

图 11-51　西宁 2010 年在拉脊山
土壤种植胡萝卜中 Fe 的分布

拉脊山较大坂山土壤中种植的青稞和胡萝卜中铁元素的分布趋势略好，拉脊山土壤主要采集于阴坡，而大坂山土壤主要采集于阳坡。阴坡土壤微生物和水分、保墒性等好于阳坡土壤，则有利于种植作物对于矿物元素铁营养的吸收，因而西宁地区在拉脊山阴坡土壤中种植的作物中铁的分布趋势较好一些。其次，根茎类作物胡萝卜较禾本科青稞中铁的分布趋势较为清晰，可能与根茎类作物胡萝卜更多地接触土壤环境而有利于矿物元素的吸收有关。再次，2010 年较 2009 年同一土壤中种植作物中铁元素含量稍高，可能与土壤的熟化有关，经过一年的作物种植，土壤中积累了适于植物生长发育的土壤微生物等，第二年再次种植时土壤微生物等有利于作物对矿物元素的吸收。当植物缺铁时，相关酶的活性都会受到抑制，呼吸作用受阻，进而会显著地影响植物的生长发育和产量。需要说明的利用高海拔地区土壤进行作物青稞和胡萝卜种植试验，因作物尚未适应种植的土壤环境而使作物的生长发育受限。因此，试验设计可能对试验结果有一定影响。

西宁地区利用不同地区土壤种植青稞和胡萝卜中铁元素的分布，与大坂山、拉脊山地区种植青稞和胡萝卜中铁的空间分布形成了明显的对照，即生长环境垂直变化的小气候是高原植物体中铁元素空间分布的条件，而环境中缺氧致使铁元素的"饥饿效应"是其内动力，高原缺氧环境下因呼吸作用的增强驱使高海拔植物中出现铁营养的"饥饿"状态而蓄积分异，因此，高原植物中丰富的矿物元素铁营养具有抗高原缺氧的新功能。

（4）各地区种植土壤中矿物元素铁的分布

大坂山、拉脊山地区不同海拔高度土壤中铁的分布略有随海拔高度增加而增加的趋势（图 11-52，图 11-53），即不同地区的土壤中矿物元素略显与地形地貌相一致的变化趋势。提示：种植作物中矿物元素的分布与其生长的土壤环境之间的相关性不显著。即生长环境垂直变化的小气候是铁元素分布的主要原因，高海拔地区的植物因缺氧而呼吸作用增强，致使植物中铁元素营养呈现出"饥饿"状态，在矿物元素的生物地球化学循环作用下，形成了土壤中铁元素与海拔高度相关的变化趋势。提示：高海拔植物较土壤中更多的矿物元素蓄积分异性，也是草地植物中矿物元素"饥饿效应"假说理论的再次解释与证明，即不同地区土壤中铁的分布略有随海拔高度增加而增加的趋势，较好地诠释了高原草地植物中矿物元素的"饥饿效应"假说理论。同时，也对高海拔地区植物中丰富的铁营养产生的原因及其功能作用提供了试验依据，说明高原植物中丰富的铁营养可能具有抗高原缺氧的新功能。

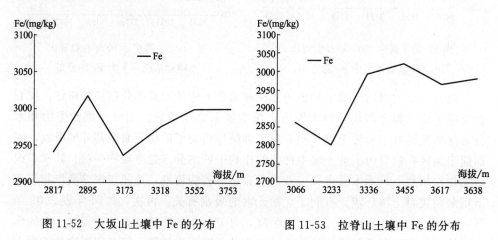

图 11-52　大坂山土壤中 Fe 的分布　　　　　图 11-53　拉脊山土壤中 Fe 的分布

11.3.5　种植作物中矿物元素锌的分布特征

（1）大坂山地区种植青稞和胡萝卜中矿物元素锌的分布

大坂山地区 2009 年、2010 年在不同海拔高度下，种植作物青稞和胡萝卜中矿物元素锌具有随着海拔高度的增加而增加的空间分布格局（图 11-54，图 11-55）。试验提示：大坂山地区种植青稞和胡萝卜中矿物元素锌具有与地形地貌相一致的空间分布格局以及垂直带状谱特征。可见，青海湖北岸草地矿物元素具有与地形地貌相一致的空间分布格局的试验结论，同样适用于大坂山种植作物青稞和胡萝卜中矿物元素锌，即青藏高原植物中矿物元素锌具有与地形地貌相一致的空间分布格局。

大坂山地区种植青稞和胡萝卜中矿物元素锌的空间分布，可能与生长环境垂直变化的小气候有关，随着海拔高度的增加，小局域气候越来越不适宜于植物的生长发育，温度在降低，紫外辐照在增强，而且阳坡地带愈加干旱，相应种植青稞和胡萝卜需要更强的应对不良环境的抵抗能力，其中矿物元素锌蓄积增加，可能与植物抗逆性有关。值得一提的是，随着海拔高度的增加，植物生长期在减少，植物开花时间有所提前，因此，高原植物中丰富的矿物元素锌也可能促进植物早熟的新功能作用。

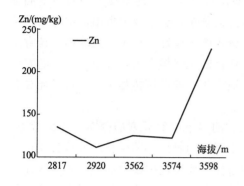

图 11-54　大坂山 2009 年种植
青稞中 Zn 的分布

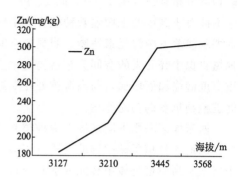

图 11-55　大坂山 2010 年种植
胡萝卜中 Zn 的分布

（2）拉脊山地区种植胡萝卜中矿物元素锌的分布

拉脊山地区 2009 年、2010 年在不同海拔高度下，种植作物胡萝卜中矿物元素锌具有随着海拔高度的增加而增加的空间分布格局（图 11-56，图 11-57）。即拉脊山地区种植胡萝卜中矿物元素锌具有与地形地貌相一致的空间分布格局以及垂直带状谱特征，即青藏高原植物中矿物元素锌具有与地形地貌相一致的空间分布格局。随着海拔高度增加，植物生长期在减少，相应地植物开花时间有所提前，因此，高原植物中丰富的矿物元素锌也可能促进植物早熟的新功能作用。

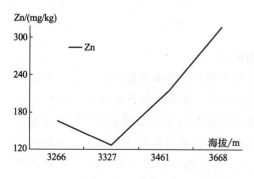

图 11-56　拉脊山 2009 年种植
胡萝卜中 Zn 的分布

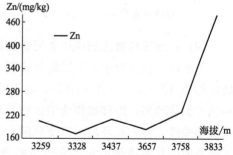

图 11-57　拉脊山 2010 年种植
胡萝卜中 Zn 的分布

（3）西宁利用不同地区土壤盆栽种植青稞中锌的分布

西宁利用大坂山和拉脊山地区不同海拔高度的土壤盆栽种植作物青稞和胡萝

卜试验表明，2009 年、2010 年大坂山土壤中种植作物青稞中锌的分布均无清晰、确切的分布规律（图 11-58，图 11-59）。即在西宁同一气候条件下，利用不同地区不同海拔高度的土壤盆栽种植青稞中锌元素分布，远不及大坂山、拉脊山种植青稞和胡萝卜中锌元素清晰、明显的空间分布的规律性。提示：大坂山、拉脊山种植青稞中锌元素的空间分布格局与垂直变化的小气候有关，其中锌元素随着海拔高度的增加而增加，与高海拔处花期缩短有关，即高原植物中锌元素可能具有促进植物早熟的功能作用。

西宁地区利用不同地区土壤种植青稞和胡萝卜中锌元素的分布，与大坂山、拉脊山地区种植青稞中锌的空间分布形成了明显的对照，即生长环境垂直变化的小气候是高原植物体中锌元素空间分布的条件，而逆境中植物的成熟则是锌元素蓄积的内动力，因此，高原植物中丰富的矿物元素锌营养可能具有促进植物早熟的新功能作用。

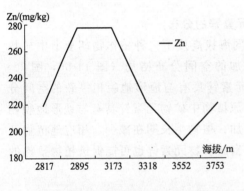

图 11-58　西宁 2010 年在大坂山
土壤种植青稞中 Zn 的分布

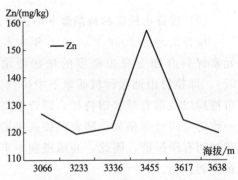

图 11-59　西宁 2009 年在拉脊山
土壤种植青稞中 Zn 的分布

(4) 各地区种植土壤中矿物元素锌的分布

大坂山、拉脊山地区不同海拔高度土壤中锌的分布略有随海拔高度增加而降低的趋势（图 11-60，图 11-61），即不同地区的土壤中矿物元素略显与地形地貌相反的变化趋势，即种植作物中矿物元素锌的分布与其生长的土壤中锌的分布具有负相关性。即生长环境垂直变化的小气候是锌元素分布的主要原因，高海拔地区植物因生长逆境等不利因素作用的增强，致使植物中锌元素营养呈现出"饥饿"状态，在矿物元素的生物地球化学循环作用下，形成了土壤中锌元素与海拔高度负相关的变化趋势。提示：高海拔植物中矿物元素锌的蓄积性，也是草地植物中矿物元素"饥饿效应"假说理论的再次解释与证明，即不同地区土壤中锌的分布略有随海拔高度增加而降低的变化趋势，较好地诠释了高原草地植物中矿物元素的"饥饿效应"假说理论。同时，也对高海拔地区植物中丰富的锌营养产生的原因及其功能作用提供了试验依据，说明高原植物中丰富的锌营养可能具有促进植物早熟的新功能作用。

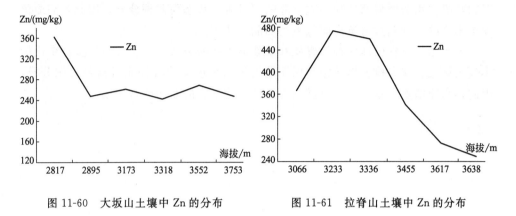

图 11-60　大坂山土壤中 Zn 的分布　　　　图 11-61　拉脊山土壤中 Zn 的分布

11.4　结论

　　大坂山、拉脊山种植青稞和胡萝卜中矿物元素具有随海拔高度增加而增加的特征，即具有与地形地貌相一致的空间分布格局，较好地阐释并肯定了青海湖北岸草地植物中矿物元素具有与地形地貌相一致的空间分布格局，以及垂直带状谱特征的结论。因此可推广为：青藏高原植物中矿物元素具有与地形地貌相一致的空间分布格局。同时，大坂山、拉脊山作物种植试验对于草地矿物元素的"饥饿效应"假说理论的检验与完善提供了部分试验依据。

　　西宁地区利用大坂山、拉脊山土壤盆栽种植青稞和胡萝卜中矿物元素的分布多样化，即在西宁地区同一气候条件下，利用不同地区的土壤盆栽种植青稞和胡萝卜中矿物元素的特征谱是不明显。表明：青海湖北岸草地植物以及大坂山、拉脊山地区种植青稞和胡萝卜中矿物元素的空间分布和垂直带状谱特征，与生长环境垂直变化的小气候有关。

　　不同地区土壤中矿物元素与地形地貌相一致的变化趋势，对生物矿物元素"饥饿效应"假说理论的再次检验，高海拔植物较土壤中更多的矿物元素蓄积分异性，也是草地植物中矿物元素"饥饿效应"假说理论的再次解释与证明，即不同地区土壤中矿物元素与地形地貌相一致的变化趋势，较好地诠释了草地植物中矿物元素"饥饿效应"假说理论。

　　大坂山、拉脊山地区种植青稞和胡萝卜中铁的分布，与生长环境垂直变化的小气候有关。高海拔缺氧环境下植物因呼吸作用的增强驱使其铁营养的"饥饿"状态而蓄积分异，因此，高原植物中丰富的铁营养源于高原低氧，即高原植物中富铁营养具有抗高原低氧的新功能与作用。

　　西宁地区利用不同地区土壤种植青稞和胡萝卜中铁元素的分布，与大坂山、拉脊山地区种植青稞和胡萝卜中铁的空间分布形成了明显的对照，高原缺氧环境下因呼吸作用的增强而呈现出铁营养的"饥饿"状态而蓄积分异。因此，高原植物中丰富的铁营养具有抗高原低氧的功能与作用。

　　大坂山、拉脊山地区种植青稞和胡萝卜中锌的分布，与生长环境垂直变化的小气候有关。高海拔逆境下植物因花期缩短而提前驱使其锌元素营养蓄积分异，因此，高原植物中富锌营养可能具有促进植物早熟的新功能与作用。

12 | 人工草地中矿物元素特征

12.1 问题提出

人工草地在农牧业生产和发展中占有重要地位，在环境保护和环境产业中具有重要意义。实践证明，发展多年生人工草地是解决青藏高原高寒草地高效生产和持续发展矛盾的一条重要途径，有助于减轻天然草地放牧压力，防止草地退化，是保护生物多样性、改善生态环境、维护生态平衡的主要措施，是现代集约化草地畜牧业的必由之路。近年来，由于全球气候变化和超载过牧、大面积草场开垦等人类活动的干扰下，青海湖流域草地退化十分严重。人工草地具有创造新的草地生产力和改善草地生态环境的双重功能，青海湖北岸一带在青海湖流域生态环境治理工程中建植有人工草地试验示范样地，矿物元素是草地植物生长发育所必需的营养成分，建植人工草地即土地利用方式发生变化，则人工草地植物中矿物元素的分布特征如何？了解人工草地植物对于矿物元素营养的需求，对于遏制人工草地向生态稳定性回复的趋势，保持草地生产稳定性，实现人工草地高产和持续利用具有重要意义。

12.2 材料与方法

见 4.2。

12.3 结果与讨论

12.3.1 矿物元素的特征谱

青海湖北岸人工草地植物中矿物元素具有因种而异的显著特征，在植物分类学上的每个植物种都有属于自己的特异矿物元素特征谱，即人工草地植物中矿物元素也具有植物种的特异性。植物种不同则相同元素含量差异较大,在同一土壤和气候等立地生长环境下,人工草地植物中每个植物中各自的矿物元素特征谱(图 12-1)。矿物元素特征谱具有表征、鉴别草地植物的指纹图谱的功能作用,既反映草地植物长期适应进化而表现出植物种的基因型成分,又反映草地植物对其生长环境的及时响应的成分,即人工草地植物中矿物元素特征谱既是植物种的特异表征,又是人工草地生态系统自然演替的体现。因此,通过人工草地植物中矿物元素分析,实现人工草地的动态监测,为人工草地建设等提供理论指导。

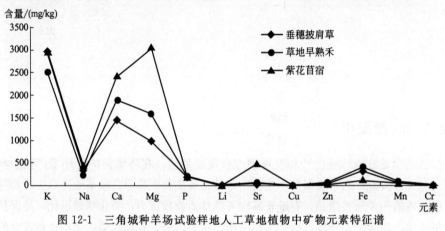

图 12-1　三角城种羊场试验样地人工草地植物中矿物元素特征谱

12.3.2　矿物元素的空间分布格局

青海湖北岸各人工草地中,矿物元素的分布具有随着海拔高度的增加而增加的变化趋势,见 5.3.1。如自东向西各样地垂穗披肩草中 Ca 元素含量分别为466.4 mg/kg、1471 mg/kg、1651 mg/kg,Li 元素含量分别为 5.008 mg/kg、6.389 mg/kg、8.037 mg/kg,即人工草地的同一种植物中矿物元素含量随着海拔高度的增加而增加(表 12-1),即青海湖北岸人工草地中矿物元素具有随着海拔高度的增加而增加的空间分布格局。

表 12-1　青海湖北岸人工草地中同一植物中矿物元素

植物名称	样地名称	海拔/m	Zn/(mg/kg)	Mn/(mg/kg)	Ca/(mg/kg)	Li/(mg/kg)	B/(mg/kg)
垂穗披肩草	铁路边坡	3216	30.07	44.75	466.4	5.008	12.09
	三角城羊场	3230	37.96	91.37	1471	6.689	13.03
	县城西	3287	42.01	78.83	1651	8.037	12.40

注:a、b 和 c 代表同一元素同一种植物在不同样地之间的显著性差异,$p < 0.05$。

12.3.3　与天然草地中矿物元素比较

青海湖北岸人工草地相对于天然草地植物中矿物元素含量为低,人工草地较毗邻天然草地的同一种植物中矿物元素含量具有显著差异性（表 12-2）。2006 年在铁路边坡种植的星星草中 Zn 为 18.58mg/kg、Fe 为 91.97mg/kg、Ca 为 244.1mg/kg，而附近那仁车站封育草地星星草中 Zn 为 58.38mg/kg、Fe 为 486.6mg/kg、Ca 为 2002mg/kg，人工草地的星星草是天然草地星星草中 Zn 的 31.8%、Fe 的 18.9%、Ca 的 12.2%。三角城羊场种植的草地早熟禾中 Cu 为 4.251mg/kg、Zn 为 37.96mg/kg、Fe 为 316.8mg/kg，附近三角城羊场封育草地的草地早熟禾中 Cu 为 7.019mg/kg、Zn 为 55.95mg/kg、Fe 为 895.9mg/kg，人工草地是天然草地的草地早熟禾中 Cu 的 60.6%、Zn 的 67.8%、Fe 的 35.4%。可见，青海湖北岸人工草地较天然草地植物中矿物元素含量为低。

表 12-2　青海湖北岸人工与天然草地中同一植物中矿物元素含量

单位：mg/kg

植物名称	样地名称	Cu	Zn	Fe	Ca	Mg	Li	Pb
星星草	铁路边坡种植	2.353	18.58	91.97	244.1	1059	4.433	0.6420
	那仁车站天然	4.126	58.38	486.6	2002	1951	5.656	3.663
草地早熟禾	三角城羊场种植	4.251	37.96	316.8	1619	1612	5.541	2.018
	三角城羊场天然	7.019	55.95	895.9	2452	2079	7.223	10.05

注：a 和 b 代表同一元素同一种植物在不同样地之间的显著性差异，$p < 0.05$。

青海湖北岸人工草地植物中较低的矿物元素含量，按照农业生产中"施肥增产"的科学认识和体验，给生长期作物补充适量矿物元素营养将会大大地促进植物的生长发育，即植物中矿物元素含量应该与其生长封育之间正相关。而青海湖北岸人工草地植物中较低含量的矿物元素营养，与农业生产中"施肥增产"的科学认识相悖，根据生物矿物元素"饥饿效应"假说理论，由于人工草地植物中矿物元素营养能够得到及时地足量的供给，因此，人工草地较天然草地植物的株高和地上生物量大大增加，生长状况显著地优于天然草地植物。相应在天然草地植物中矿物元素的蓄积性，与农业生产中"施肥增产"的科学认识相一致，矿物元素营养和功能作用等理论在人工与天然草地植物中得到再一次检验，矿物元素"饥饿效应"假说理论能够合理地解释天然草地中矿物元素具有蓄积分异性这一科学问题，即相对于人工草地，天然草地植物中矿物元素的"饥饿效应"驱动了其中矿物元素的蓄积分异。青海湖北岸人工草地植物中矿物元素含量较低并非意味着该草地植物矿物元素营养的缺乏，而是天然草地植物相对于人工草地植物而言，矿物元素具有蓄积分异性，按照矿物元素"饥饿效应"假说理论，天然草地植物应该适量补给矿物元素元素，以消除其对矿物元素的"饥饿"状态，促进其生长发育，有利于草地生产力的提高。可见，矿物元素"饥饿效应"假说在人工草地建设等生产实践中同样具有重要的理论指导作用。

12.4 结论

青海湖北岸人工草地植物中矿物元素具有矿物元素特征谱的特征。

青海湖北岸人工草地中矿物元素具有随着海拔高度的增加而增加的空间分布格局，即具有与地形地貌相一致的空间分布格局。

青海湖北岸人工草地相对于天然草地植物中矿物元素含量为低，人工草地较毗邻天然草地的同一种植物中矿物元素含量具有显著差异性。按照矿物元素"饥饿效应"假说理论，天然草地植物中矿物元素的"饥饿效应"驱动了其中矿物元素的蓄积分异。在人工草地建设等生产实践中矿物元素"饥饿效应"假说理论具有重要的指导作用。

13 | 草地矿物元素生物地球化学循环

13.1 问题提出

青海湖北岸草地植物与土壤中矿物元素之间有相关性，且都具有与地形地貌相一致的空间分布格局，植物区系的分布与区域地质的界线相一致是确信无疑的。然而，青海湖北岸各类型退化与封育草地中矿物元素的蓄积分异行为，以及各类型草地植物的株高与矿物元素之间的负相关性等现象，通过区域垂直变化的小气候特征，以及生物矿物元素的"饥饿效应"假说得到了合理的解释，因此，草-地界面间矿物元素的迁移、分布的形式？草-地界面间矿物元素的生物地球化学循环，以及草-畜之间矿物元素的传递与分布的特征？草地畜牧业的终产品中矿物元素通过食物链传递对人类健康是否有一定影响？结合青海湖北岸草地中矿物元素特征，分析草地中矿物元素的生物地球化学循环可能的各种途径，以及通过矿物元素生物地球化学循环的研究，为天然草地保护、退化草地恢复与修复、人工草地建设和可持续发展的生态畜牧业生产，提供科学的管理与决策依据。

13.2 草-地界面间矿物元素的传递与生物地球化学循环

植物细胞是构成植物体的基础，植物体中矿物元素主要来自于植物细胞在其环境中所吸收的矿物元素的离子，再从器官水平上看，植物体对矿物元素的吸收主要是通过植物的根系进行的，有试验表明，根毛区积累的矿质离子数虽较少，但该部位木质部已分化完全，所吸收的离子能较快的运出。根尖顶端虽有大量矿质离子积累，而该部位无输导组织，离子不易运出。综合矿质离子积累和运出的结果，植物的根尖根毛区为根部吸收矿物元素的主要部位，植物根系所处的外部土壤环境则是影响植物根部吸收矿物元素的主要外界条件，根部吸收的矿物元素经质外体和共质体途径进入导管后，随蒸腾流一起上升或按浓度差而扩散[24~27]。

矿物元素在植物体内的分布以离子是否参与体内离子循环而异。矿物元素进入植物体后，有些如磷、镁等元素，主要以形成不稳定的化合物被植物利用，这些化合物不断被分解，释放出的离子可转移到其他部位被再利用。有些如钾元素，在植物体内始终呈离子状态。还有一些如钙、铁、锰等元素在植物细胞中一般形成难溶的稳定化合物，是不能参与循环的元素或称不可再利用元素，它们被植物转运到地上部后即被固定而不能移动。而参与循环的矿物元素在植物的个体发育中，优先分布于代谢旺盛的部位。矿物元素除在植物体内进行运转和分配外，也可以从体内排出。叶片中的矿物元素因雨、雪、露而损失，植物生长末期，根系也可向土壤中排出矿物元素。这些被淋洗或排出到土壤中的矿物元素，可被植物重新吸收利用。因此，草地中部分矿物元素在草地植物营养需求下，以离子形式往返于草-地界面之间，周而复始，不断地被草地植物或是草地土壤所利用，完成矿物元素的生物地球化学循环。

青海湖北岸草地植物与土壤中矿物元素始终通过草-地界面进行着生物地球化学循环，草地植物的生长发育需要来自土壤中矿物元素营养的供给，秋后枯黄的植物体又将部分地返还于土壤环境，经过土壤微生物的消化分解，将其中矿物元素归还于土壤，矿物元素就是这样为绿绿草原的勃勃生机，通过草地界面穿梭于草地植物与土壤之间，以不同的离子或化合物形式和循环途径，进行着矿物元素的生物地球化学循环。但是，青藏高原由于高寒、干旱、缺氧等环境条件的限制，致使植物的生长发育受限，其中矿物元素作为植物生长的必需营养成分，由于其他严酷的环境条件制约着草地植物的生长发育，同时草地植物对土壤环境中矿物元素营养的摄取也受到一定的影响。青海湖北岸草地植物中矿物元素的垂直带状谱特征，以及矿物元素与地形地貌相一致的空间分布格局，青海湖北岸地区草地植物中矿物元素处于"饥饿"状态。因此，按照矿物元素"饥饿效应"假说，青海湖北岸以及青藏高原高寒草地植物中矿物元素因"饥饿效应"而蓄积分异。反之，草地植物中由于矿物元素营养供给而蓄积分异，致使草地植物的生长发育再受影响，相互影响，相互制约，在矿物元素生物地球化学循环作用下，形成了独具青藏高原特色的青海北岸草地植被群落与景观，也形成了青海北岸草地中矿物元素与地形地貌相一致的空间分布格局。需要说明的是，在高寒、干旱、缺氧等环境条件的限制下，青海湖北岸草地植物与土壤中矿物元素生物地球化学循环作用具有随海拔高度增加而减弱的趋势（表13-1），可能与环境温度、水分等气候条件的限制有关，即在较低温度或水分条件下，矿物元素迁移、离子转移的活性降低，不利于草地植物对矿物元素营养的吸收，因此，在植物生长期内因矿物元素摄取的相对不足而蓄积分异。

表 13-1　　青海湖北岸各试验样地草地植被中矿物元素含量　单位：mg/kg

样地名称		Cu		Zn		Fe	
		植被	土壤	植被	土壤	植被	土壤
河边滩地	退化草地	7.670±4.836	13.99	57.02±9.465	45.10	175.5±79.37	12852
	封育草地	6.127±4.622	24.19	50.11±23.72	102.5	83.49±112.5	14753
那仁车站	退化草地	9.160±5.483	21.13	72.80±28.46	101.0	138.4±62.05	13824
	封育草地	7.868±4.648	23.15	55.46±21.30	431.4	165.6±97.09	14876
烂泥湾	退化草地	10.48±5.046	20.84	53.76±12.47	87.25	138.0±41.52	14875
	封育草地	7.275±4.662	18.76	60.90±29.81	77.62	164.6±93.44	14210

13.3　草-畜之间矿物元素的传递与生物地球化学循环

　　青海湖流域的草地畜牧业是青海省畜牧业的重要组成部分，作为传统的商品畜牧业基地，青海湖流域畜牧业为当地社会发展和全省经济建设做出了积极贡献，随着生产关系发生的深刻变化，流域草地畜牧业生产力水平有了很大发展，畜牧经济有了长足发展。但是这种发展对草地资源的无限索取，使草地的承载能力下降，草地生态系统日渐退化，草地净生产力逐步下降。因此，在节约、保护草地资源的同时必须探寻新的发展思路和模式，调整现有畜牧业产业结构，必须确定以草定畜的新模式，使草地畜牧业走上稳定、高产、优质、高效的轨道，进入一个新的发展时期。

　　矿物元素是草地植物生长所必需的营养成分和土壤的主要组成成分，草地上的牛羊等次级生产者又通过啃食草地植物等食物而获取必需的矿物元素营养，即在草地畜牧业生产中通过食物链传递，为次级生产者提供了生长发育所必需的矿物元素营养，并维持其正常的生理功能与身体健康。因此，矿物元素通过生物地球化学循环，不仅稳定地维持着草地生态系统的平衡与健康，而且对于草地畜牧业可持续发展，提高草地畜牧业产品的健康与品质有着至关重要的作用和影响。

　　早在 18 世纪，欧洲就有人注意到，如果将动物局限在某些地区，就会繁殖不旺盛或患有各种不同疾病，而在其他地区，则能茁壮成长。此外，当牲畜从不健康的地区迁往健康地区后，通常都能复原，说明存在营养问题。研究发现，这类疾病与当地土壤通过所生长的植物提供人畜所需的、适量的、安全、无毒的矿物元素营养有关[28]。如：土壤、植物、水中的碘与人的甲状腺肿的发病率；食物中硒含量与中国克山病的发生等（表 13-2）。低硒土壤地区所生长的植物也是低硒的，该地区羊羔和牛犊的白肌病流行，而给牲畜补充硒后可以纠正这种病。相反，有些地区土壤中硒含量极高，植物中则蓄积有硒，该地区发现牛、马和羊有急性硒中毒症状。

青海环湖地区从土-草-畜生态体系看，三角城羊场绵羊处于铁营养充足状况；牧草中冬季铜、钼、锰等元素含量均低于正常值，绵羊处于低铜、低钼和低锰的生态环境与营养状况。建议在冬春季和秋季对放牧绵羊补饲含微量元素铜的饲料或制剂，以满足其正常生长和生产的需要，提高该地区季节性草地生态畜牧业的效益[71~74]。钼可以促进牧草的生长发育，提高产草量，建议该草场尤其在秋冬季节施 Mo 肥，提高草场的经济效益或在牧草枯萎的冬春季直接给放牧绵羊补饲含 Mo 的微量元素添加剂[73]。从青海湖地区各类型草地中矿物元素特征看，矿物元素与植物株高之间负相关。因此，株高高大的草地植物中适宜的矿物元素更适于放牧牛羊的食用，低矮的草地植物因矿物元素蓄积分异而可能不利于放牧牲畜的啃食。其次，退化草地植物中矿物元素具有蓄积分异性，则封育较退化草地植物中适宜的矿物元素更适于放牧牛羊的啃食。同样，与地形地貌相一致的草地植物中矿物元素特征提示：海拔较低处株高相对高大的植物更适宜于畜牧业生产。

表 13-2 常见矿物元素的丰缺与生物地球化学地方病

元素	动物或人		植物	
	过多	缺乏	过多	缺乏
Cu	溶血性贫血,高的心血管病死亡率	白癜风、白发	叶缺绿、根畸形,水稻新叶出现黄色条纹	禾本科植物分蘖强烈,叶尖枯黄,穗子出现空粒
Zn	心力衰竭,贫血症,食欲降低,血红蛋白含量降低,胃癌	侏儒病、皮炎,精子活力降低、地方性不育症		"白苗病",植株矮缩,大豆叶片呈柠檬黄
Fe	铁质沉着症,肝、肾受损,胃肠道出血	缺铁性贫血症,影响儿童注意力		失绿症、黄叶病,严重时全株黄白病
Co	绵羊食欲不振和贫血,人体红细胞过多症	恶性贫血和神经机能障碍症	新叶叶脉失绿,叶缘白色、顶部死亡	豆科植物根瘤蛋白的合成受到抑制
Cr	恶心、呕吐、便血,尿少或无尿等机型肾功能衰竭,接触性皮炎、湿症	糖尿病、高血压	顶部枯萎,根受损,植株矮化,分蘖减少	
Ca	缺血性心脏病,肾炎、肾结石和关节炎发病率上升	冠心病、佝偻病,结肠癌发病率上升	根变短或萎缩,叶片黄化	心叶凋萎病(水稻),叶枯腐病(柑橘)
Se	风湿痛、非炎症关节炎,生殖功能受到影响,白内障发病率增加	心血管疾病、克山病、胃癌、肝癌、白血病、白内障	幼叶完全白化,老叶脉间失绿症或黑色斑点	

草地土壤中矿物元素通过生物地球化学循环作用，经过草地植物—草地畜牧业生产等一系列食物链传递，又将丰富的矿物元素营养提供给我们人类，以维持我们机体的新陈代谢等生理所需及健康。因此，草地生态系统中矿物元素还与我

们人类的健康密切相关。

通过草地生态系统中矿物元素的生物地球化学循环来看，天然草地类似于一个热力学过程中不可逆的开放系统，草地土壤在各种生物地球化学作用下，源源不断地给草地植物提供矿物元素营养，其中小部分矿物元素经过食物链传递被带出系统而消失，大部分矿物元素通过生物地球化学循环作用而被重复持续地利用。因此，天然草地生态系统在超载过牧等人类不合理的利用下，系统的熵增加而趋于不稳定状态，即草地在退化演替进程中草地矿物元素发生蓄积分异。而封育草地系统相当于一个热力学中可逆的封闭系统，草地植物自土壤中摄取的矿物元素营养，几乎通过生物地球化学循环作用而重复持续地被利用，系统的熵增加而趋于零，即封育草地在演替进程中矿物元素主要在草-地界面间进行着生物地球化学循环。因此，相对于退化草地而言，封育草地在演替进程中矿物元素降低，其实质是封育草地植物中矿物元素的蓄积趋于零，即封育草地生态系统中矿物元素是在生物地球化学循环作用下的一个封闭系统。

13.4 结论

青海湖北岸草地植物与土壤中矿物元素以不同的离子或化合物形式，在草-地界面间不断地进行着矿物元素的生物地球化学循环。草地植物中矿物元素在生物地球化学循环作用下，形成了独具青藏高原特色的青海湖北岸草地植被群落与景观，也形成了青海北岸草地中矿物元素与地形地貌相一致的空间分布格局。

矿物元素在草地畜牧业生产中通过食物链传递，为次级生产者提供了生长发育所必需的矿物元素营养，并维持其正常的生理功能与身体健康，并与我们人类的健康密切相关。因此，矿物元素通过生物地球化学循环，不仅稳定地维持着草地生态系统的平衡与健康，而且对于草地畜牧业可持续发展，提高草地畜牧业产品的健康与品质有着至关重要的作用和影响。

天然草地生态系统相当于一个热力学中不可逆的开放系统，在超载过牧等人类不合理的利用下，在退化演替进程中草地矿物元素发生蓄积分异。封育草地系统则相当于一个热力学中可逆的封闭系统，草地植物自土壤中摄取的矿物元素营养，几乎通过生物地球化学循环作用而重复持续地被利用，即封育草地在演替进程中矿物元素主要在草-地界面间进行着生物地球化学循环。

14 在草地畜牧业生产实践中指导作用

14.1 问题提出

青海湖北岸草地中矿物元素特征谱、垂直带状谱特征，以及草地植物中矿物元素分布的时空格局，草地矿物元素"饥饿效应"假说理论的提出，对青海湖北岸各类型草地中矿物元素的分布特征，矿物元素蓄积分异行为发生的内外动力学机制等，进行了认真细致的总结和分析，形成了青海湖北岸"四特征二格局一假说"的草地矿物元素理论。理论源于实践，而又服务于实践，由此推动事物向前发展。草地矿物元素理论是青海湖北岸草地中矿物元素的理论总结，在草业生产、草地畜牧业发展和草地生态系统安全与健康管理等应用实践中具有重要的指导作用。

14.2 在草业科学中的指导作用

青海湖北岸各类型草地中矿物元素的特征谱，以及垂直变化的带状谱特征，在草业科学研究与生产实践中具有重要的指导作用。各类型草地均有特征各异的矿物元素特征谱，结合矿物元素垂直带状谱特征进行草地类型的划分是可能的。因为不同类型的草地植被具有各自特征的矿物元素特征谱，同样，一条有意义的矿物元素特征谱对应于特定的草地类型，矿物元素特征谱是草地类型变化的响应，即草地类型与其矿物元素的特征谱之间存在着数学意义上一一对应的函数映射关系。因此，利用矿物元素特征谱，结合垂直带状谱特征，借助计算机数据库等技术，进行草地类型的划分是可以实现的。

在草业生产实践中，通过草地矿物元素的监测，对照相应草地类型的矿物元素特征谱，指导天然草地资源的保护与管理、退化草地恢复与修复，封育草地管理与建设等草业生产实践工作，而且针对草地中矿物元素营养供给状况，生产指导的目的性强，目标明确，措施合理有效，理论指导实践的效果显著。

青海湖北岸草地中矿物元素的时空分布格局，对于了解各类型草地植被的群落演替进程与现状，建立各类型草地演替进程中矿物元素动态变化的数学模型，以及草地中矿物元素作用机制的研究等具有重要作用。在草业生产实践中，及时掌握各类型草地中矿物元素的动态变化，结合其矿物元素的时空分布格局，及时地监测、管理各类型草地植物生长与矿物元素营养的补充供给，科学、高效地使草业生产中资源最优化、最大化，实现优质、高产的草业资源以满足草地畜牧业生产与可持续发展的需求。

草地矿物元素"饥饿效应"假说是草地植物体内矿物元素营养在其耐性范围内供给相对不足时，体内对于该种矿物元素营养有所蓄积这一现象的假设，至于在多大程度上（具体的数量化指标）矿物元素的供给为相对不足，即矿物元素"饥饿效应"发生的具体量化指标，有待进一步试验研究。在草业生产实践中，根据草地植物体内矿物元素含量的高低来判断矿物质元素营养供给的丰缺盈亏时，应注意矿物元素营养的"饥饿效应"现象，避免矿物元素营养因"饥饿"状态的蓄积分异性而造成的假象，以正确、有效、科学地补给草地植物必需的矿物元素营养。草地矿物元素"饥饿效应"假说既有理论研究意义，又有生产实践指导意义。

青海湖北岸各类型草地中个别植物对某一矿物元素敏感的指示性特征，在草业生产实践中，对于区域环境保护以及草地生态系统安全评价等具有指导作用。其次，在地质矿产学、汉藏民族医药学等领域，对生物地球化学找矿、汉藏药资源可持续利用等具有指导作用。如：河边滩地封育地中西北利亚蓼的 Pb 元素含量为 38.77 mg/kg，是该样地优势种植物垂穗披肩草中 Pb 元素含量（0.3718mg/kg）的 100 倍，相差很大，即该样地中西伯利亚蓼对矿物元素 Pb 极为敏感。因此，利用西伯利亚蓼这一矿物元素的特征，在城市道路两旁驯化栽培西伯利亚蓼等植物，既可以美化城市景观，又吸收了汽车尾气等重金属铅对城市环境空气的污染。可见，草地植物中对某一矿物元素敏感的指示性特征，在城市环境保护领域有重要的应用前景与指导作用。

14.3 在草地畜牧业生产与发展中的指导作用

根据青海湖北岸各类型草地中矿物元素特征谱，以及垂直变化的带状谱特征，在草地畜牧业生产与可持续发展中，因地制宜，合理安排在不同的放牧季节选择适宜的放牧草场，在统筹考虑季节气温、气候等环境因素的同时，兼顾草地植物中矿物元素与地形地貌相一致的空间分布格局，以及时地补给次级生产者牛羊对于矿物元素营养的需求，因为天然草地植物中矿物元素是放牧牲畜矿物元素营养供给的最佳选择。因此，草地中矿物元素特征谱和垂直带状谱特征等矿物元素理论，科学、有效地指导草地生态畜牧业的生产与可持续发展。

青海湖北岸退化草地植物中矿物元素具有蓄积分异性，在季节性轮牧时适当考虑退化草地植物中矿物元素的蓄积性，以及时补给放牧牲畜对矿物元素营养的需求，维持体内矿物元素营养的平衡。如：冬春季放牧于地势相对较低的围栏封育草场时，由于低海拔地势处草地以及围栏封育草地植物中矿物元素含量略低，则相对于夏秋季节，放牧牲畜从草地植物中摄取的矿物元素相对不足。因此，冬春季放牧于封育草场时，应适当放牧于退化草地以增加补给放牧牲畜对矿物元素营养的需求或适当补饲含有矿物元素添加剂的人工配制的混合饲料，维持放牧牲畜体内矿物元素的平衡，科学、高效、可持续地发展草地畜牧业生产。

青海湖北岸封育草地植物中重金属铅元素具有蓄积分异性，轮牧于封育草地时应考虑放牧牲畜对于封育草地植物中重金属元素铅的摄取，因为食物链传递，植物中异常蓄积的重金属铅不利于放牧牲畜的健康，进而也可能影响草地畜产品的品质，甚至因食物链效应而不利于我们人体健康与安全。因此，封育草地植物中重金属铅的蓄积分异行为，应该引起草地畜牧业生产与管理者的高度重视，以科学、优质、可持续地发展草地生态畜牧业生产。

青海湖北岸草地植物中矿物元素铁具有抗高原缺氧的功能作用，高原草地植物的株高和地上生物量随海拔高度增加而趋于减小，即草地生产力随海拔高度增加而降低。因此，在高原高海拔的草地放牧时，应适当给放牧牲畜人工补饲含有矿物元素铁的饲料或添加剂，以提高放牧牲畜的抗缺氧能力。其次，在高原各类型草地放牧时，也应该不定期的到高海拔草场放牧，让放牧牲畜啃食含铁等矿物元素较多的高海拔草地植物，满足放牧牲畜对植物中矿物元素的需求量，增强其抗缺氧能力以更加适应高原缺氧的恶劣环境条件，加快高原草地畜牧业生产与发展的速度和质量，实现科学、高效、可持续地发展的高原草地畜牧业生产。

按照生物矿物元素"饥饿效应"假说理论，在高原草地畜牧业生产与实践中，应适当补饲含有矿物元素添加剂的人工饲料，尽可能地减少放牧牲畜对矿物元素营养的"饥饿"状态，通过人工补饲等管理措施，让放牧牲畜满足对矿物元素的及时需求，尽量降低草地畜产品中矿物元素的蓄积量，提高畜产品中蛋白等优质营养成分，使草地畜产品的品质得到大幅提升，遵循生物矿物元素"饥饿效应"假说理论，科学、优质、可持续地发展高原草地生态畜牧业生产。

14.4　在草地生态系统保护中的指导作用

在青海湖北岸天然草地生态系统保护、退化草地恢复与修复等实践工作中，按照青海湖北岸各类型草地中矿物元素垂直带状谱特征，以及退化草地植物中矿物元素具有蓄积分异性等特征，遵循各类型草地中矿物元素动态变化的自然规律，充分利用草地植物中矿物元素的特征，及时地监测草地演替的动态行为，并在可能的情况下，利用草地矿物元素的各种特征，有效地抑制、逆转草地生态系统的演替行为，实现草地生态系统的保护、退化草地的恢复与修复。

按照草地矿物元素"饥饿效应"假说，在天然草地生态系统保护、退化草地恢复与修复等实践工作中，应及时地追施含矿物元素的肥料，尽可能地减少草地植物对矿物元素营养的"饥饿"状态，降低草地植物中矿物元素的蓄积量，加快草地植物的生长速度，提高草地生产力，使天然草地生态系统以及退化草地按照有利于草地生态系统健康的方向而正向演替，实现天然草地生态系统的保护和退化草地的恢复与修复。

14.5 结论

利用草地植物中矿物元素的特征谱，结合各类型草地中矿物元素垂直带状谱特征，进行草地类型的划分。在草业生产实践中，对于天然草地资源的保护与管理、退化草地恢复与修复，封育草地管理与建设，草地生态畜牧业的生产与可持续发展等具有指导作用。

利用草地植物中矿物元素的时空分布格局，可以建立各类型草地演替进程中矿物元素动态变化的数学模型，以及草地中矿物元素作用机制的研究等具有重要作用。在草业生产实践中，对于各类型草地植物生长与矿物元素营养的补充供给的监测、管理具有指导作用，实现优质、高产的草业资源以满足草地畜牧业生产与可持续发展的需求。

利用草地矿物元素"饥饿效应"假说，在草业生产与实践中，应注意矿物元素营养的"饥饿效应"现象，避免矿物元素营养因"饥饿"状态的蓄积分异性而造成的假象，以正确、有效、科学地补给草地植物必需的矿物元素营养，科学、优质、可持续地发展高原草地生态畜牧业生产。

利用草地矿物元素的各种特征，在可能的情况下，有效地抑制、逆转草地生态系统的演替行为，实现草地生态系统的保护、退化草地的恢复与修复。

按照草地矿物元素"饥饿效应"假说，尽可能地减少草地植物对矿物元素营养的"饥饿"状态，降低草地植物中矿物元素的蓄积量，提高草地生产力，实现天然草地生态系统的保护和退化草地的恢复与修复。

15 | 结论与展望

15.1 主要结论

15.1.1 草地植物中矿物元素的"四个特征，两个格局"

(1) 草地植物中矿物元素的四个特征

① 草地植物的矿物元素谱具有植物种的特异性，即每个植物种都有特异的矿物元素特征谱，亦即草地植物的矿物元素特征谱是草地植物矿物元素的特征；

② 各类型草地中矿物元素分布具有垂直带状谱特征；

③ 草地植物中矿物元素与株高和地上生物量之间具有负相关关系特征；

④ 天然草地中个别植物种对某一矿物元素的吸收非常敏感，即草地中个别植物具有矿物元素的指示性特征。

(2) 青海湖北岸草地植物中矿物元素分布的两个格局

① 草地植物中矿物元素具有与地形地貌一致的空间分布格局；

② 封育草地植物中矿物元素具有随封育时间增加而降低的时间分布格局。

15.1.2 草地植物中矿物元素的蓄积分异行为及其内外动力学机制

青海湖北岸退化草地植物和土壤中矿物元素具有蓄积分异性。

青海湖北岸封育草地植物中重金属元素铅具有蓄积分异性，部分铅可能源于草地上空的大气环境。

草地中矿物元素的"饥饿效应"驱动了矿物元素蓄积分异行为的发生，即草地中矿物元素的"饥饿效应"是草地植物中矿物元素蓄积分异行为发生的内动力之一。

全球气候变化和人类活动干扰是矿物元素蓄积分异行为发生的外动力。

15.1.3 生物矿物元素 "饥饿效应" 假说理论

生物矿物元素"饥饿效应"假说，是对生物体内矿物元素营养供给与平衡关系的一种假设，当某一矿物元素营养的供给不能满足其生理所需或不能及时得到供给，或者说矿物元素在其耐性范围内供给相对不足时，生命体处于一种对于某一矿物元素营养的"饥饿"状态，生命体为了适应这种对于这一矿物元素"饥饿"的环境，及时通过调节自身体内矿物元素的平衡并适量储存于体内，以满足生命活动对于矿物元素的及时所需。即生命体为了应对这种对于矿物元素的"饥饿"状态，体内便蓄积矿物元素的这种现象，形象地称为生物矿物元素的"饥饿效应"。

草地植物中矿物元素"饥饿效应"假说理论，诠释了退化草地中矿物元素蓄积分异行为发生的内动力这一科学问题；对于天然草地植物中矿物元素与株高和地上生物量之间具有负相关性、青海湖北岸草地植物中矿物元素具有与地形地貌相一致的空间分布格局，以及在草地演替进程中矿物元素的响应等一系列现象进行了解释，并与农业生产中"施肥增产"的科学认识相一致，也使矿物元素营养和功能作用等理论在草地植物中得到再次检验与验证。

15.1.4 草地生态系统演替进程中矿物元素的数学模型

退化演替进程中矿物元素蓄积分异行为的数学模型：$C_退(t) = C_b[1 - \exp(-\alpha t)]$。
封育演替进程中矿物元素蓄积分异行为的数学模型：$C_封(t) = C_b \exp(-\beta t)$。

15.1.5 草地植物中矿物元素铁抗缺氧功能作用的新发现

大坂山、拉脊山作物种植试验和西宁作物盆栽试验，较好地阐释并肯定了青海湖北岸草地植物中矿物元素具有与地形地貌相一致的空间分布格局，以及垂直带状谱特征的结论。同时，对于草地矿物元素的"饥饿效应"假说理论的检验与完善提供了部分试验依据。

大坂山、拉脊山地区种植青稞和胡萝卜中矿物元素铁的空间分布格局，提示：高原植物中铁元素具有抗高原缺氧的新功能作用。高海拔缺氧环境下植物因呼吸作用的增强，驱使其铁营养的"饥饿"状态而蓄积分异，即高原植物中丰富的铁营养源于高原缺氧的生长环境。

15.1.6 人工草地中矿物元素特征

青海湖北岸人工草地植物与天然草地一样，其中矿物元素具有特征谱的特征和随着海拔高度的增加而增加的空间分布格局。

青海湖北岸人工草地相对于天然草地植物中矿物元素含量为低。按照矿物元素"饥饿效应"假说理论，天然草地植物中矿物元素的"饥饿效应"驱动了其中矿物元素的蓄积分异。

15.1.7 草地矿物元素的生物地球化学循环

在矿物元素的生物地球化学循环作用下，形成了独具青藏高原特色的青海北岸草地植被群落与景观，也形成了青海湖北岸草地植物中矿物元素的垂直带状谱特征，以及青海北岸草地中矿物元素与地形地貌相一致的空间分布格局。草地土壤中矿物元素通过生物地球化学循环作用，经过草地植物—草地畜牧业生产等一系列食物链传递，又将丰富的矿物元素营养提供给我们人类，即草地矿物元素还与我们人类的健康密切相关。因此，矿物元素通过生物地球化学循环，不仅稳定地维持着草地生态系统的平衡与健康，而且对于草地畜牧业可持续发展，提高草地畜牧业产品的健康与品质有着至关重要的作用和影响。

15.1.8 草地矿物元素理论在草地畜牧业生产实践中的指导作用

利用草地矿物元素的各种特征和时空分布格局，可进行草地类型的划分，建立草地演替进程中矿物元素的数学模型等。在草业生产实践中，对于各类型草地植物生长与矿物元素营养补充供给的监测、管理具有指导作用，实现优质、高产的草业资源以满足草地畜牧业生产与可持续发展的需求。

按照草地矿物元素"饥饿效应"假说，在草业生产中应注意矿物元素营养的"饥饿效应"现象，避免矿物元素营养因"饥饿"状态的蓄积分异性而造成的假象，以正确、有效、科学地补给草地植物必需的矿物元素营养。

15.2 研究展望

青海湖北岸草地矿物元素的"四个特征，两个格局"的形成，退化草地植物中矿物元素的蓄积分异行为的发生等有趣的自然现象，充分地体现了草地中矿物元素的生物地球化学循环有其一整套独立而完整的自然规律，有待我们草业科学、草地畜牧业、植被生态学、植物化学和分析科学工作者们更多、更深入的探索和发现，并应用于我们的社会生产与实践活动中，造福于我们人类。草地矿物元素的"四个特征，两个格局"，在草业生产、草地畜牧业生产和草地生态系统保护等实践中的应用，充分地说明科学技术是第一生产力的事实，以及草地矿物元素等基础科学研究的必要性与重要意义。因此，对于草业科学中有关诸如草地矿物元素等边缘学科、交叉学科的形成与发展应引起高度的重视，通过学科理论的建立，生产实践的运用，激励我们进行更多的探索，以完善草地矿物元素学这门崭新的学科。

生物矿物元素"饥饿效应"假说理论的大胆提出，可以说是多年相关工作的长期积累，曾在纯净水、矿物藏药等药理学实验中发现，给予较大量矿物元素的动物体内矿物元素含量反而低，而给予较少剂量矿物元素的动物体内矿物元素却很高；在抗盐碱作物遗传育种试验中也发现，抗盐碱作物体内矿物元素钠含量较对照反而低。联想到澳大利亚西南部缺钠地区的欧兔在非生殖季节期间，在自己组织中对于矿物元素钠的储备，这些储备钠通常会在生殖季节结束前后被耗尽[29]；生活在干旱缺水的沙漠环境中骆驼体内对食盐的储备等现象。为了合理解释青海湖北岸退化草地作物中矿物元素的蓄积分异性，以及青海湖北岸各类型草地中矿物元素与株高和地上生物量负相关等特征，通过青海海北的大坂山、海南的拉脊山地区作物栽培试验以及西宁等地盆栽作物试验，提出了生物矿物元素"饥饿效应"假说，并很好地阐述了青海湖北岸草地植物中矿物元素的部分特征和现象，尤其对退化草地植物中矿物元素蓄积分异行为的动力学机制进行了合理的说明，起到了理论指导实践的作用。虽然对生物矿物元素"饥饿效应"假说进行了作物种植试验的检验和草业生产中的运用，但是限于我们有限的实验和文献资料，生物矿物元素"饥饿效应"假说理论有待进一步实践检验和理论完善，如从分子生物学角度进行"饥饿"机理的研究，使生物矿物元素"饥饿效应"假说理论真正经得起科学实验与生产实践的检验。

对于草地生态系统中植被群落演替进程中矿物元素动态变化数学模型的建立，基于青海湖北岸退化与封育草地中矿物元素的时空分布格局，以及退化草地植物中矿物元素蓄积分异行为，类比电子电路中含有 LC 等储能元件的过渡过程，因为退化草地演替和封育草地演替进程中矿物元素蓄积分异行为相似于电子电路中含有 LC 储能元件时的过渡过程。为了便于建立矿物元素蓄积分异行为的数学模型，采用类比的方法而大大简化了数学物理方程的求解过程。限于试验资料，数学模型有待进一步完善和改进，以客观、真实地反映草地生态系统演替中矿物元素的蓄积分异行为，为草地生态系统的监测与保护提供更翔实的科学依据。

人工草地在农牧业生产和发展中占有重要地位，具有创造新的草地生产力和改善草地生态环境的重要功能，是现代集约化草地畜牧业的必由之路。青海湖北岸人工草地相对于天然草地植物中矿物元素含量为低，意味着天然草地植物相对于人工草地植物而言，矿物元素具有蓄积分异性，按照矿物元素"饥饿效应"假说理论，天然草地植物应该适量补给矿物元素元素，以消除其对矿物元素的"饥饿"状态，促进其生长发育，有利于草地生产力的提高。可见，矿物元素"饥饿效应"假说在人工草地建设等生产实践中同样具有重要的理论指导作用。

　　对于高原草地植物中矿物元素铁抗缺氧功能作用的新发现,是在青藏高原人的红细胞增多症、青藏高原牧民微量元素铁营养的摄入量很高而过剩[84]等文献资料的基础上,结合青海湖北岸草地植物中矿物元素具有与地形地貌相一致的空间分布格局,以及通过大坂山、拉脊山作物栽培试验以及西宁盆栽作物试验,认为高原草地植物中丰富的矿物元素铁营养具有抗高原缺氧的新功能作用。同样,限于实验资料,植物中铁元素抗缺氧功能作用有待植物生理学、植物营养学等研究者们进一步的科学实验检验,正确认识在高原极端环境条件下植物中富铁营养成因机理,同时对于高原病预防与治疗,高原抗缺氧药物研发,高原特色植物资源可持续利用等研究具有重要的现实意义。

参 考 文 献

[1]　张忠孝．青海地理［M］．西宁:青海人民出版社,2004,187-190.

[2]　陈桂琛,陈孝全,苟新京．青海湖流域生态环境保护与修复［M］．西宁:青海人民出版社,2008,76-87.

[3]　李积兰,马生林．青海湖区生态环境恶化原因探析［J］．植物学报,2006,24(4):8-11.

[4]　王宝山,张玉,才茅等．青海湖区生态环境现状及建设途径探讨［J］．草原与草坪,2007,(4):1-6.

[5]　张旭萍,郭连云,田辉春．环青海湖盆地气候变化对草地生态环境的影响［J］．草原与草坪, 2008,(2): 64-69.

[6]　杜庆．初探青海湖地区生态环境演变的起因［J］．生态学报,1990,10(4):317-322.

[7]　张登山,武健伟．环青海湖区沙漠化综合治理规划研究［J］．干旱区研究,2003,20(4):307-311.

[8]　王顺忠,陈桂琛,周国英等．青海湖鸟岛地区草地植物群落特征的研究［J］．生态学杂志,2003,23(11):16-19.

[9]　刘庆,周立华．青海湖北岸植物群落与环境因子关系的初步研究［J］．植物学报,1996,38(11):887-894.

[10]　陈桂琛,彭敏．青海湖地区植被及其分布规律［J］．植物生态学与地植物学报,1993,17(1):71-81.

[11]　陈桂琛,彭敏．青海湖芨芨草草原的群落特征及其分布规律［J］．西北植物学报,1993,13(3):154-162.

[12]　彭敏,陈桂琛．青海湖地区植被演变趋势的研究［J］．植物生态学与地植物学报,1993,17(3):217-223.

[13]　李迪强,郭泺,朵海瑞等．青海湖流域土地覆盖时空变化与生态保护对策［J］．中央民族大学学报:自然科学版, 2009,18(1):18-22.

[14]　俞文政,常庆瑞,岳庆玲等．青海湖流域草地类型变化及其结构演替研究［J］．中国农学通报, 2005, 21(4):306-309,362.

[15]　李旭谦．青海湖流域草地类型及其分布［J］．青海草业,2009,18(4):20-23,19.

[16]　朱宝文．青海湖北岸天然草地牧草生长特征分析［J］．青海草业,2010,19(1):2-6.

[17]　李旭谦．青海湖地区生态环境治理应突出草地植被保护［J］．青海草业,2010,19(1):15-17.

[18]　魏永林,宋理明,马宗泰等．海北地区天然草地(冷季)草畜平衡分析及对策［J］．青海草业,2007,16(3):43-46.

[19] 陈永杰. 刚察县发展生态畜牧业的探索与思考 [J]. 上海畜牧兽医通讯,2009,(5):63-67.

[20] 范青慈. 青海湖区生态环境现状及建设措施 [J]. 青海草业,2001,10(1):26-28.

[21] 王一博,王根绪,沈永平等. 青藏高原高寒区草地生态环境系统退化研究 [J]. 冰川冻土,2005,27(5):633-640.

[22] 廖红,严小龙. 高级植物营养学 [M]. 北京:科学出版社,2003,197-241.

[23] H 马斯纳. 高等植物的矿质营养 [M]. 曹一平,陆景陵等译. 北京:北京农业大学出版社,1991,118-222.

[24] A LAUCHLI,R L BIELESKI. 植物的无机营养 [M]. 张礼忠,毛知耘等译. 北京:农业出版社,1992,21-58.

[25] 蒋高明等. 植物生理生态学 [M]. 北京:高等教育出版社,2004,112-160.

[26] A 萨比宁. 植物营养生理学原理 [M]. 刘富林译. 北京:科学出版社,1958,154-269.

[27] S J Lippard,J M Berg. 生物无机化学原理 [M]. 席振峰,姚光庆,项斯芬等译. 北京:北京大学出版社,2000,96-260.

[28] 毛达如. 植物营养研究方法 [M]. 北京:中国农业大学出版社,2001,43-137.

[29] 赵福庚,何龙飞,罗庆云. 植物逆境生理生态学 [M]. 北京:科学出版社,1963,154-438.

[30] 单贵莲,徐柱,宁发等. 围封年限对典型草原群落结构及物种多样性的影响 [J]. 草业学报,2008,17(6): 1-8.

[31] 李金花,李镇清,任继周. 放牧对草原植物的影响 [J]. 草业学报,2002,11(1):4-11.

[32] 安耕,王天河. 围栏封育改良荒漠化草地的效果 [J]. 草业科学,2011,28(5):874-876.

[33] 朱宝文,周华坤,徐有绪等. 青海湖北岸草甸草原牧草生物量季节动态研究 [J]. 草业科学,2008,25(12):62-66.

[34] 周国英,陈桂琛,徐文华. 围栏封育对青海湖地区芨芨草草原生物量的影响 [J]. 干旱区地理,2010,33(3):434-441.

[35] 周国英,陈桂琛,韩友吉等. 围栏封育对青海湖地区芨芨草草原群落特征的影响 [J]. 中国草地学报,2007,29(1):19-23.

[36] 周国英,陈桂琛,魏国良等. 青海湖地区芨芨草群落主要种群分布格局研究 [J]. 西北植物学报,2006,26(3):579-584.

[37] 周国英,陈桂琛,赵以莲等. 青海湖地区芨芨草群落特征及其物种多样性研究 [J]. 西北植物学报,2003,23(11):1956-1962.

[38] 孙菁,彭敏,陈桂琛等. 青海湖区针茅草原植物群落特征及群落多样性研究 [J]. 西北植物学报,2003,23(11):1963-1968.

[39] 淮银虎,周立华. 青海湖湖盆南部植物群落的生态优势度与海拔梯度 [J]. 西北植物学报,1995,15(3):240-243.

[40] 韩友吉,陈桂琛,周国英等. 青海湖地区高寒草原植物个体特征对放牧的响应 [J]. 中国科学院研究生院学报,2006,23(1):118-124.

[41] 祝存冠,陈桂琛,周国英等. 青海湖区河谷灌丛植被群落多样性研究 [J]. 草业科学,2006,24(3):31-35.

[42] 黄志伟,彭敏,陈桂琛等. 青海湖几种主要湿地植物的种群分布格局及动态 [J]. 应用与环境生物学报,2001,7(2):113-116.

[43] 赵以莲,周国英,陈桂琛. 青海湖区东部沙地植被及其特征研究 [J]. 中国沙漠,2007,27(5):820-825.

[44] 李博,雍世鹏,李瑶等.中国的草原[M].北京:科学出版社,1990,81-155.

[45] 胡自治等.青藏高原的草业发展与生态环境[M].北京:中国藏学出版社,2000,25-37.

[46] 侯向阳.中国草地生态环境建设战略研究[M].北京:中国农业出版社,2005,109-121.

[47] 王堃.草地植被恢复与重建[M].北京:化学工业出版社,2004,51-126.

[48] 汪玺等.天然草原植被恢复与草地畜牧现代技术[M].兰州:甘肃科学技术出版社,2004,28-41.

[49] 李建龙等.草业生态工程技术[M].北京:化学工业出版社,2004,49-120.

[50] 沈景林,谭刚,乔海龙等.草地改良对高寒退化草地植被影响的研究[J].中国草地,2000,10(5):49-54.

[51] 周华坤,赵新全,赵亮等.青藏高原高寒草甸生态系统的恢复能力[J].生态学杂志,2008,27(5):697-704.

[52] 周华坤,周立,赵新全等.围栏封育对轻牧与重牧金露梅灌丛的影响[J].草地学报,2004,12(2):140-144.

[53] 王长庭,龙瑞军,王启兰等.放牧扰动下高寒草甸植物多样性、生产力对土壤养分条件变化的响应[J].生态学报,2008,28(9):4144~4152.

[54] 王长庭,龙瑞军,王启基等.高寒草甸不同海拔梯度土壤有机质氮磷的分布和生产力变化及其环境因子的关系[J].草业学报,2005,14(4):15-20.

[55] 王长庭,王启基,龙瑞军等.高寒草甸植物群落多样性和初级生产力沿海拔梯度变化的研究[J].植物生态学报,2004,28(2):240-245.

[56] 王文颖,王启基.高寒嵩草草甸退化生态系统植物群落结构特征及物种多样性分析[J].草业学报,2001,10(3):8-14.

[57] 武高林,杜国祯.青藏高原退化高寒草地生态系统恢复和可持续发展探讨[J].自然杂志,2007,29(3):159-164.

[58] 韩立辉,尚占环,任国华等.青藏高原"黑土滩"退化草地植物和土壤对秃斑面积变化的响应[J].草业学报,2011,20(1):1-6.

[59] 黄德青,于兰,张耀生等.祁连山北坡天然草地地下生物量及其与环境因子的关系[J].草业学报,2011,20(5):1-10.

[60] 黄德青,于兰,张耀生等.祁连山北坡天然草地地上生物量及其与土壤水分关系的比较研究[J].草业学报,2011,20(3):20-27.

[61] 张斐,陈克龙,朵海瑞等.青海湖流域草地景观格局变化研究[J].安徽农业科学,2010,38(2):1001-1003.

[62] 拉毛才让.青海草地类型在中国草地分类系统中的归并初探[J].草业科学,2008,25(8):31-34.

[63] 索有瑞,李天才,陈桂琛.青海地区植物微量元素自然背景值及其特征[J].广东微量元素科学,2000,7(6):24-27.

[64] 李天才,陈桂琛等.青海湖地区植物中非必需微量元素特征[J].草业科学,2002,19(4):42-44.

[65] 李天才,陈桂琛等.青海湖地区植物常量营养元素含量特征[J].草业科学,2001,18(1):27~29.

[66] 李天才,曹广民,柳青海等.青海湖北岸退化与封育草地土壤与优势植物中四种微量元素特征.草业学报,2012,21(5):213-221.

[67] 李天才,陈桂琛,曹广民等.青海湖北岸退化草地和封育草地中钾、钙、镁等矿质常量元素特征[J].草地学报,2011,19(5):752-759.

[68] 李天才,曹广民,柳青海等.青海湖北岸退化、封育草地中钠、锶、锂矿物元素特征及与草地植被的关系.草原与草坪,2012,32(6):17-22.

[69] 韩友吉,李天才,周国英等.祁连山中部冰缘植物必需元素含量分析 [J].广东微量元素科学,2008,15(8):57-61.

[70] 祝存冠,陈桂琛,李天才等.青海湖区河谷灌丛主要植物微量元素含量特征 [J].广东微量元素科学,2005,12(11):34-38.

[71] 焦婷,张力,李伟等.高寒草地放牧系统铜的季节动态及盈亏分析 [J].草原与草坪,2008,129(4):67-70.

[72] 焦婷,张力,侯焉会等.高寒草地放牧系统铁的季节动态及盈亏分析 [J].家畜生态学报,2009,30(2):88-90.

[73] 焦婷,张力,蒲小鹏等.高寒草地放牧系统钼的季节动态及盈亏分析 [J].中国草地学报,2008,30(5):13-17.

[74] 赵生国,焦婷,张力等.高寒草地放牧系统锰的季节动态及盈亏分析 [J].草业科学,2009,26(6):132-135.

[75] 李晶,孙国荣,阎秀峰等.星星草地上部6种元素含量季节动态及其分布 [J].草地学报,2001,9(3):213-217.

[76] 匡艺,李廷轩,余海英.小黑麦植株铁、锰、铜、锌含量对氮素反应的品种差异及其类型 [J].草业学报,2011,20(4):82-89.

[77] 秦彧,李晓忠,姜文清等.西藏主要作物与牧草营养成分及其营养类型研究 [J].草业学报,2010,19(5):122-129.

[78] 周志宇,张洪荣,付华等.施用污泥对无芒雀麦和土壤中元素含量的影响 [J].草地学报,2001,9(3):223-227.

[79] 钱忠明.铁代谢-基础与临床 [M].北京:科学出版社,2000,10-143.

[80] 王夔等.生命科学中微量元素 [M].北京:中国计量科学出版社,1991.

[81] 常彦忠,段相林.铁代谢失衡疾病的分子生物学原理 [M].北京:人民卫生出版社,2012,113-184.

[82] 曹治权,孙作民,孙爱贞等.微量元素与中医药 [M].北京:中国中医药出版社,1993.

[83] 符克军,曹光辉,徐艳钢等.人体生命元素 [M].北京:中国医药科技出版社,1995,210-332.

[84] 张彦博,汪源,刘学良等.人与高原 [M].西宁:青海人民出版社,1996,215-291.

[85] 张朝华,贾存英.富铁元素与人体健康 [J].微量元素与健康研究,2002,19(3):41.

[86] 刘旭新.微量元素铁代谢的研究进展 [J].广东微量元素科学,2001,8(1):11-15.

[87] 陈家从.微量元素铁的营养及评价指标 [J].中国临床医药实用杂志,2004,16(3):3-5.

[88] 王婕.浅谈微量元素铁与人体健康 [J].贵州教育学院学报,2005,16(4):31-32,39.

[89] 朱航,罗海吉.铁过量与人体健康 [J].广东微量元素科学,2006,13(7):9-14.

[90] 马金凤.微量元素铁与一些疾病关系的研究 [J].微量元素与健康研究,1999,16(3):72-74.

[91] 邹春琴,张福锁,毛达如.铁对玉米体内氮代谢过程的影响 [J].中国农业大学学报,1998,3(5):45-50.

[92] 彭新湘,山内埝.植物对铁毒的抗性研究 [J].植物生理学通讯,1996,32(6):465-469.

[93] 邢承华,蔡妙珍.过量 Fe^{2+} 对水稻的毒害作用 [J].广东微量元素科学,2007,14(1):17-22.

[94] 郭世伟,邹春琴,张福锁,江荣风.提高植物体内铁再利用效率的研究现状及进展 [J].中国农业大学学报,2000,5(3):80-86.

[95] 李天才,陈桂琛,周国英等.青海省大黑沟种植大黄中矿物质元素研究 [J].中国科学院研究生院学报,2005,22(2):226-229.

[96] 李天才,索有瑞,陈桂琛等.种植青海大黄中矿物质元素研究 [J].中医药学刊,2004,22(1):

17-21.

[97] 宋德荣.施用不同氮肥对牧草和放牧牦牛血液营养元素含量的影响 [J].中国草地学报,2010,32(2):42-46.

[98] Street R,Száková J,Drábek O,Mládkova L. The status of micronutrients(Cu,Fe,Mn,Zn)in tea and tea infusions in selected samples imported to the Czech Republic [J]. Czech J Food Sci,2006,24:62-71.

[99] Zou Chunqin,Zhang Fusuo. Ammonium improves iron nutrition by decreasing leaf apoplastic pH of sunflower plants(Helianthus annuus L. cv. Frankasol) [J]. Chinese Science Bulletin,2003,48(20):2215-2220.

[100] Zou C,Shen J,Zhang F,Guo S,Tang,Rengl. Effect of different nitrogen forms on iron transport and reutilization in maize plants [J]. Plant and Soil,2001,235(2):143~149.

[101] Madejon P, Murillo J M, Maranon T, et al. Bioaccumulation of trace elements in a wild grass three years after the Aznalcollar mine spill [J]. Environmental Monitoring and Assessment,2006,114(1/3):169-189.

[102] Sun DP,Tang Y,Xu ZQ,Han Z. A preliminary investigation on chemical evolution of the Lake Qinghai water [J]. Chin Sci Bull,1991,15:1172-1174.

[103] Zi Wang,Yuxiu Zhang,Zhibo Huang,Lin Huang. Antioxidative response of metal-accumulator and non-accumulator plants under cadmium stress [J]. Plant Soil,2008,310:137-149.

[104] Conrad M E,Umbreit J N,Moore E G,et al. Alternate iron transport pathway [J].J. Biol. Chem. ,1994,269:7169-7173.

[105] Kennard M L,Feldman H,Yamada T,et al. Serum levels of the iron binding protein p97 are elevated in Alzheimer,s disease [J]. Nature Medicine,1996,1230-1235.

[106] Michal Hejcman,Jirina Szaková,J ü rgen Schellberg,Pavel Tlustoš. The Rengen Grassland Experiment:relationship between soil and biomass chemical properties,amount of elements applied,and their uptake [J]. Plant Soil,2010,333:163-179.

[107] Hejcman M,Száková J,Schellberg J,Š rek P,Tlustoš P. The Rengen Grassland Experiment:soil contamination by trace elements after 65 years of Ca,N,P and K fertilizer application [J]. Nutr Cycl Agroecosyst,2009,83:39-50.

[108] Chen W,Chang A C,Wu L. Assessing long-term environmental risks of trace elements in phosphate fertilizers [J]. Ecotox Environ Safe,2007,67:48-58.

[109] Zou Chunqin, Zhang Fusuo, H. E. Goldbach. Iron fractions in the apoplast of intact root tips of Zea mays L. seedlings affected by nitrogen form [J]. Chinese Science Bulletin,2002,47(9):727-731.

[110] Barcel ó J, Poschenrieder C. Hyper accumulation of trace elements:from uptake and tolerance mechanisms to litter decomposition:selenium as an example [J]. Plant and Soil,2011,341:31-35.

[111] 安志装,陈同斌,雷梅等.蜈蚣草耐铅、铜、锌毒性和修复能力的研究 [J].生态学报,2003,23(12):2594-2598.

[112] 韩照祥,朱惠娟,李春峰.三叶草对土壤中铜和铅的吸收及其相互影响研究 [J].淮海工学院学报:自然科学版,2006,15(1):48-51.

[113] 李君,周守标,黄文江等.马蹄金叶片中铜、铅含量及其对生理指标的影响 [J].应用生态学报,2004,15(12):2355-2358.

[114] 黄朝表,郭水良,陈旭敏等.金华地区11种杂草对4种重金属的吸附与富集作用研究 [J].农业

环境保护,2001,20(4):225-228.

[115] 叶春和. 紫花苜蓿对铅污染土壤修复能力及其机理的研究 [J]. 土壤与环境,2002,11(4): 331-334.

[116] 赵立新. 杂草对重金属的生物积累特性的研究 [J]. 环境保护科学,2004,30(125):43-45,55.

[117] 郭水良,黄朝表,边媛等. 金华市郊杂草对土壤重金属元素的吸收与富集作用(I)6 种重金属元素 在杂草和土壤中的含量分析 [J]. 上海交通大学学报,2002,20(1):22-29.

[118] 刘小梅,吴启堂,李秉滔. 超积累植物治理重金属污染土壤研究进展 [J]. 农业环境科学,2003,22 (5):636-640.

[119] 王铁宇,汪景宽,周敏等. 黑土重金属元素局地分异及环境风险 [J]. 农业环境科学学报,2004,23 (2):272-276.

[120] 鲁春霞,谢高地,李双成等. 青藏铁路沿线土壤重金属的分布规律初探 [J]. 生态环境,2004,13 (4):546-548.

[121] Zhangdong Jin,Yongming Han,Li Chen. Past atmospheric Pb deposition in Lake Qinghai, northeastern Tibetan Plateau [J]. J Paleolimnol,2010,43:551-563.

[122] Bra nnvall ML,Bindler R,Emteryd O,Renberg I. Four thousand years of atmospheric lead pollution in northern Europe:a summary from Swedish lake sediments [J]. J Pa-leolimnol, 2001, 25: 421-435.

[123] Xiao C,Qin D,Yao T,Ren J,Li Y. Global pollution shown by lead and cadmium contents in precipitation of polar regions and Qinghai-Tibetan Plateau [J]. Chin Sci Bull,2000,45:847-853.

[124] Clemens S. Toxi cmetal accumulation,responses to exposure and mechanisms of tolerance in plants [J]. Biochimie,2006,88:1707-1719.

[125] Christie P,Beattie JA M. Grassland soil microbial biomass and accumulation of potentially toxic metals from long-term slurry application [J']. J Appl Ecol,1989,26:597-612.

[126] Tamas J,Kovacs E. Vegetation pattern and heavy metal accumulation at a mine tailing at Gyongyo soroszi, Hungary [J]. Zeitschrift fur Naturforschung. Section C,Bio-sciences,2005,60(3/4):362-367.

[127] Sekara A,Poniedzialek M,Ciura J,a1,Cadmium and lead accumulation and distribution in the organs of nine crops:Implications for phytoremediation [J]. Polish Journal of Environmental Studies,2005,14(4):509-516.

[128] Archer M J G, Caldwell R A. Response of six Australian plant species to heavy metal contamination at an abandoned mine site [J]. Water Air & Soil Pollution,2004,157(1~4):257-267.

[129] Boutran CF,Candelone JP,Hong S. Past and recent changes in the large-scale tropospheric cycles of lead and other heavy metals as documented in Antarctic and Greenland snow and ice:a review [J] . Geochim Cosmochim Acta,1994,58:3217-3322.

[130] Kober B,Wessels M,Bollhofer A,Mangini A. Pb isotopes in sediments of Lake Constance, Central Europe constrain the heavy metal pathways and the pollution history of the catchment, the lake and the regional atmosphere [J]. Geochim Cosmochim Acta,1999,63:1293-1303.

[131] Hao X. A green fervor sweeps the Qinghai-Tibetan Plateau [J]. Science,2008,321:633-635.

[132] Li Z,Yao T,Tian L,Xu B,Li Y. Atmospheric Pb variations in Central Asia since 1955 from Muztagata ice core record,eastern Pamirs [J]. Chin Sci Bull,2006,51:1996-2000.

[133] 赵凯华,陈熙谋. 电磁学(下册) [M]. 北京:人民教育出版社,1978,50-64.

［134］ 武汉大学《电子线路》教材编写组. 电子线路(下册)［M］. 北京:人民教育出版社,1979,23-35.

［135］ 曹广民,吴琴,李东等. 土壤-牧草氮素供需状况变化对高寒草甸植被演替与草地退化的影响［J］. 生态学杂志. 2008. 23(6):25-28.

［136］ 张国胜,李希来,徐维新等. 环青海湖地区植物群体结构演替及其气象条件分析［J］. 中国生态农业学报,2001,9(1):95-97.

［137］ 赵新全. 高寒草甸生态系统与全球变化［M］. 北京:科学出版社,2009,106-143.

［138］ Yan JP,Hinderer M,Einsele G. Geochemical evolution of closed-basin lakes,general model and application to Lakes Qinghai and Turkana［J］. Sed Geol,2002,148:105-122.

［139］ Akiyama T,Kawamura K. Grassland degradation in China: methods of monitoring, management and restoration［J］. Grassland Sci, 2007,53:1-17.

［140］ Zhang XP,Deng W,Yang XM. The background concentrations of 13 soil trace elements and their relation-ships to parent materials and vegetation in Xizang (Tibet),China［J］. J Asian Earth Sci, 2002,21:167-174.

［141］ Wu GL,Du GZ,Liu ZH,Thirgood S. Effect of fencing and grazing on a Kobresia-dominated meadow in the Qinghai-Tibetan plateau［J］. Plant Soil,2009,319:115-126.

［142］ Shang ZH,Long RJ. Formation causes and recovery of the "Black Soil Type" degraded alpine grassland in Qinghai-Tibetan Plateau［J］. Frontiers Agric China,2007,1:197-202.

［143］ QI Ying-xiang. Carrying Capacity of Grassland and Sustainable Development of Animal Husbandry in Qinghai Lake Area［J］. Agricultural science Technology,2009,10(5):175-178,183.

［144］ Francois M,Grant C,Lambert R,Sauvé S. Prediction of cadmium and zinc concentration in wheat grain from soils affected by the application of phosphate fertilizers varying in Cd concentration［J］. Nutr Cycl Agroecosys,2009,83:125-133.

［145］ Lehoczky E, Nemeth T, Kiss Z, et al. Cadmium and lead uptake by ryegrass, lettuce and white mustard plants on different soils［J］. Agrokemia as Talajtan,2002,51(1/2):201-210.

［146］ Harris R B. Rangeland degradation on the Qinghai-Tibetan plateau:A review of the evidence of its magnitude and causes［J］. Journal of Arid Environments,2010,74(1):1-12.

［147］ R. B. Harris. Rangeland degradation on the Qinghai-Tibetan plateau:A review of the evidence of its magnitude and causes ［J］. Journal of Arid Environments,2010,74(1):1-12.

［148］ Li X,Xu H,Sun Y,Zhang D,Yang Z. Lake-level change and water balance analysis at Lake Qinghai,west China during recent decades［J］. Water Res Manag,2007,21:1505-1516.

［149］ Huakun Zhou,Xinquan Zhao,Yanhong Tang. Alpine grassland degradation and its control in the source region of the Yangtze and Yellow Rivers,China ［J］. Japanese Society of Grassland Science,2005,51(4):191-203.

［150］ Boominathan R,Doran PM. Cadmium tolerance and antioxidative defenses in hairy roots of the cadmium hyper-accumulator Thlaspi caerulescens［J］. Bio technol Bioeng,2003,83:158-167.

［151］ Gratao PL,Polle A,Lea PJ,Azevedo RA. Making the life of heavy metal-stressed plants a little easier［J］. Funct Plant Biol,2005,32:481-494.

［152］ Boyd RS. The defense hypothesis of elemental hyper accumulation:status,challenges and new directions［J］. Plant Soil,2007,293:153-176.